U0155156

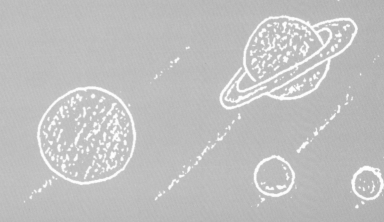

科学家奶爸的宇宙手绘

王元卓　陆　源◎著

科学普及出版社

·北 京·

序

很高兴应邀为《科幻电影中的科学：科学家奶爸的宇宙手绘》一书作序。本书主要作者王元卓先生不仅是一位从事计算机与大数据科学研究的知名科学家，而且还是一位多才多艺并且擅长科学传播的热心人。

据作者介绍，2019年他与家人看完了电影《流浪地球》之后，为了帮助女儿更好地理解电影中的科学，便亲手绘制了电影知识讲解图。此举不仅产生了巨大的社会影响，而且也进一步激发了他业余从事科学传播的热情。说来也巧，2019年1月，我在参加了中国科技馆巨幕影院举办的《流浪地球》的点映会后，一时冲动之下，撰写了自己有生以来的第一篇影评《我为什么喜欢电影〈流浪地球〉》。从此，我带着这份激情，陆续参加了一些与科幻有关的活动。譬如，在2019年11月的科幻大会上，我客串主持了一场由刘慈欣、凯文·安德森、伦纳德·蒙洛迪诺等人参加的科幻高端对话，进一步加深了对科幻的理解。

本书是作者《科幻电影中的科学》系列丛书的第一部，内容来自作者精心选择的三部著名科幻影片，即《流浪地球》《星际穿越》和《火星救援》。作者在《科幻电影中的科学》系列中重点选择了宇宙空间、人工智能和机器人三个领域的100个知识点，并配有大量的插图。这样的选择应当说也是十分恰当的，因为这些领域也都代表了当今科技发展的热点与前沿，因此兼具现实感与未来感。这三大领域也不可避免地涉及大量基础与前沿物理学的基本知识，包括通信技术的最新发展。此外，由于人类生活在宇宙唯一已知具有生命的星球，因此书中还附带介绍了一些地球与生命科学的知识，包括当今人类最为关心的人类生存环境的问题。科幻本身缘自现代科学，因此，本书虽然冠名"科幻电影中的科学"，其实只是以科幻电影为由，为读者描绘了一个现代科学众多分支学科知识的全景图。

我一直认为，我们需要鼓励科技人员做科普，但并不认为科普是科技人员的天职。首先，科普不是人人都能做或者都会做好的事情，好的科普一定包含了人文元素，例如文学或艺术的结合。其次，我一直不太赞成运动式、指令下的科普创作或科学传播行为。本书是作者献给自己女儿的作品，这样的科普创作必定缘自爱心与情怀，是接地气的科普。科普如同教育，唯有摈弃居高临下的态度，把读者放在平等的位置上，才最有可能创作出最为用心之作，而不是应景的作品。

近年来，伴随着国内科普、科幻的兴起，我常常思考的两个问题是：科幻的繁盛对中国的科学发展有多重要？科普与科幻究竟是什么样的关系？我一直固执地认为中国的文化有太多功利的成分：社会的功利、评价体系的功利、教育的功利等。由此，我们的好奇心常常被压制，被削弱。少了好奇心，就缺少想象力，创造性也因此大大减弱。科幻不是灵丹妙药，但或许能够让更多的人童心未泯，少一些现实的羁绊，呵护一定的想象力。科普与科幻，从字面上看都和"科"字沾边。科幻本身不直接传授科学知识，但它激发的是想象力，还有对科学的热爱，当然也蕴含了科学研究的思维和过程。从这个意义上来说，它对科学的普及起到的推动作用同样是巨大的。

科幻电影作为大家喜闻乐见的一种艺术与娱乐形式，伴随着《流浪地球》的成功，在国内正越来越受到大家的关注。以手绘的形式为大家讲解科幻电影中的科学知识，相信会成为大众比较喜欢的一种科普类型。

　　本书另外一个值得称赞之处是作者用科研的精神做科普，从而做到了通俗之余，又不失严谨。譬如，作者请了中国科学院国家天文台的三位专家把关天文科学方面的知识；请北京市的小学生提出他们最想了解的科学内容等。近年来，国内面向少年儿童的科普作品越来越多，其实越是通俗的东西，成年的读者也越喜欢，尤其是更加适合家庭的阅读。

　　衷心希望《科幻电影中的科学：科学家奶爸的宇宙手绘》这样的好书，也会像它的前身——科幻电影知识讲解图一样，受到大家的喜爱。

中国科学院院士、美国国家科学院外籍院士
发展中国家科学院院士、中国科普作家协会理事长

2020 年 4 月

作者介绍

    王元卓，博士，中国科学院计算技术研究所研究员，博士生导师，中国科学院计算技术研究所大数据研究院院长，信息技术新工科联盟大数据与智能计算工作委员会主任，中国计算机学会杰出会员、大数据专家委员会常务委员，中国科技与影视融合项目组成员。主要研究方向：大数据与人工智能。发表论文 200 余篇，获授权发明专利 50 余项，出版专著 5 部，曾获得国家科技进步二等奖。给女儿手绘的《流浪地球》讲解图受到过亿网友的关注，被誉为"硬核科学家奶爸"，因长期致力于科普工作，于 2019 年被评为科普中国"十大科学传播人物"。

前言

在孩子们心中播下科学的种子

    2019 年大年初三，我和爱人带着两个女儿去影院观看口碑爆棚的国产科幻电影《流浪地球》。回到家后，意犹未尽的我和女儿讨论起影片的情节，却发现女儿其实并没有看懂，主要原因是其中大量的科学知识、专业术语她都不了解，于是我开始一边给她讲解，一边把结构关系画在纸上，并写下了一些主要信息。这 6 幅在不经意间而成的手绘图随后被朋友发到了网上，意外地受到了极大的关注，不仅上了微博热搜，还先后被 100 余家媒体转发，被报道约 22 万次。更引发数万人参与热议，微博总阅读量超过 1.5 亿人次，以此为主题的微信公众号文章 3000 余篇，多篇阅读量超过 10 万人次。国内 10 多家电视台做了报道和专访，手绘图甚至被境外媒体翻译成英文进行了报道。我也因此被网友称为"手绘《流浪地球》知识讲解图的硬核科学家奶爸"。

    这些数字令我深受触动。作为一名大数据领域的科研工作者，我在中国计算机领域的代表性期刊《计算机学报》上发表的学术论文《网络大数据：

现状与展望》以 7 万余次的网络下载量成为该期刊 1978 年创刊以来网络下载量最高的论文，这一数字的形成历时近 7 年。而我的科普手绘实现过亿的阅读量，只用了 7 天的时间。这让我深切意识到大众对科学知识的需求和对科研人员参与科普工作的认可。基于此，我决定选择 10 部经典的科幻电影，选择宇宙空间、人工智能和机器人 3 个领域的 100 个知识点，以手绘的形式为大家讲解更多有趣的科学知识。

经过网友推荐和我的反复斟酌，本书选择了《流浪地球》《星际穿越》和《火星救援》3 部具有代表性的经典科幻电影，共同组成本书的知识架构。此后，我又得到了由北京市中关村第三小学 30 多位小朋友组成的科学助手团的帮助，通过多次调研和问卷，选出了每部电影中孩子们最关心的 10 个问题。看到孩子们对科学知识的渴望和天马行空的思考，也让我更加坚定了把科普进行下去的决心。希望《科幻电影中的科学》这一系列绘本，能够成为既满足孩子们的需求又能受到广大成年读者喜欢的科普读物。

从科学的视角讲科普，这个"度"如何把握，一度成了困扰我的大问题。太简单会有失专业性，稍微复杂些又怕"吓跑"读者。最终，我找到了一个定位，那就是：**如果你是小学生，那这套书就是科学家；如果你是科学家，那这套书就是小学生**。自开始这项工作以来，我常对自己说一句话："做科普的回报，就是让更多的人知道。用心做科普，希望能够在每个人心中都能种下一颗科学的种子，有朝一日可以生根发芽。"

感谢本书的另一位作者，我的学生陆源，他的加入让我可以花更多精力在整体的构思和重点的创作上，也让我的很多想法得以快速实现。他是确保本书如期完成的重要支撑。

本书得到了中国科学院科学传播局、中国科学院北京分院和中国科学院计算技术研究所的大力支持。创作过程中还得到中国科技与影视融合项目组的大力支持和肯定，尤其是项目发起人王姝老师，在成书过程中给予很大帮助，在此表示深深的谢意！

感谢科学普及出版社的编辑郑洪炜、陈璐、蔡文蓉，她们为本书付出了细致、辛勤的编辑工作，对此表示诚挚的谢意！

感谢中国科学院国家天文台苟利军、李海宁、陆由俊三位老师对书中天文科学知识进行了更为严谨的解读。

为了让复杂的知识可以被形象表达，易于小读者理解，书中对部分知识进行了简化处理，由此可能会有不当之处，加之作者水平所限，书中如有错误和不足之处，恳请读者予以指正。

王元卓

2019 年 10 月

目 录
Contents

《流浪地球》中的科学 /P.01

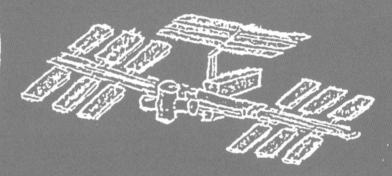

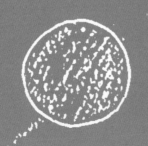

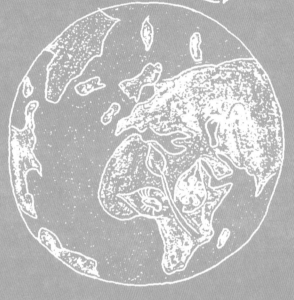

《星际穿越》中的科学 /P.29

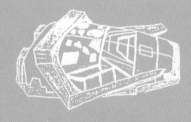

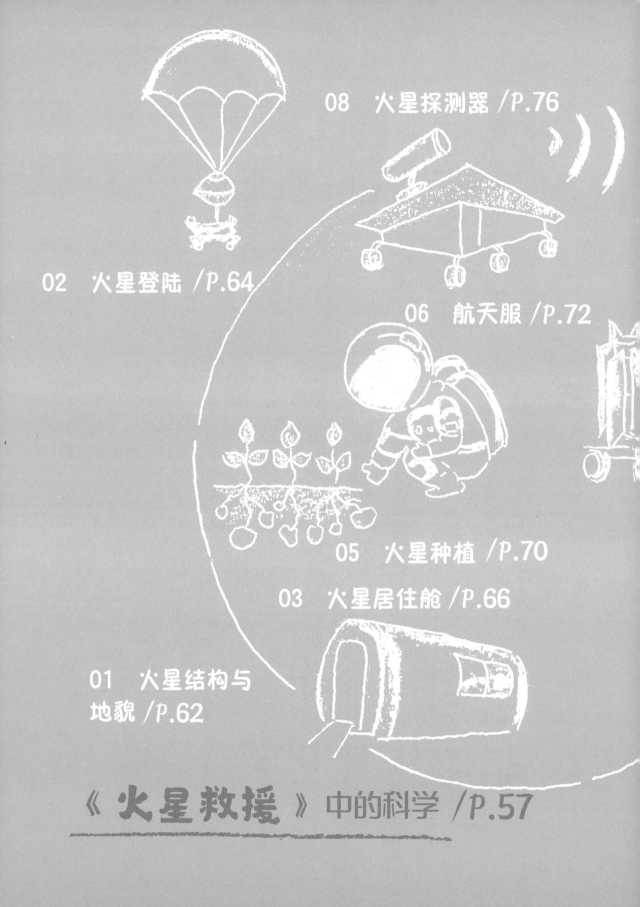

《火星救援》中的科学 /P.57

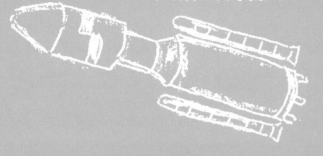

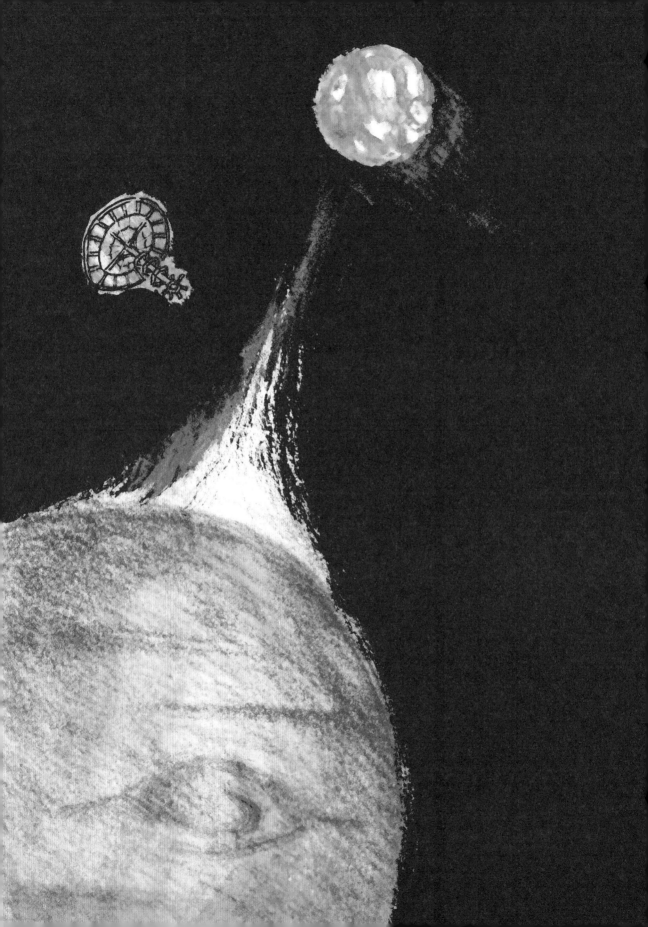

《流浪地球》*中的科学

影片《流浪地球》一改往日灾难片中乘坐宇宙飞船逃离的情节，展现了传统国人的家园故土情怀，带着地球逃离灾难，突出了中国人强调的愚公精神和人定胜天的理念，打开了一个新的科幻维度空间。

《流浪地球》展现了富有科学依据的灾难背景、符合科学原理的避难措施，描绘了一个全新的地下避难救灾的宏大场景。

*《流浪地球》是由中国电影股份有限公司、北京京西文化旅游股份有限公司、北京登峰国际文化传播有限公司、郭帆文化传媒有限公司出品的科幻电影。

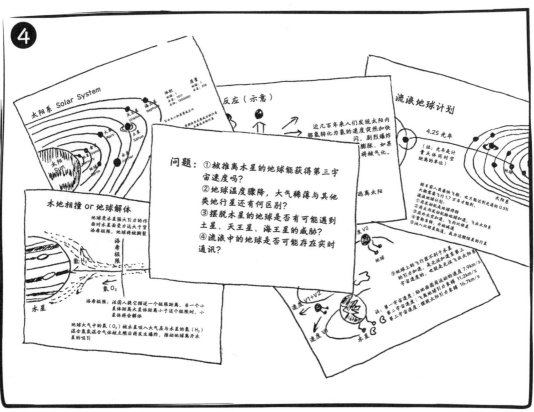

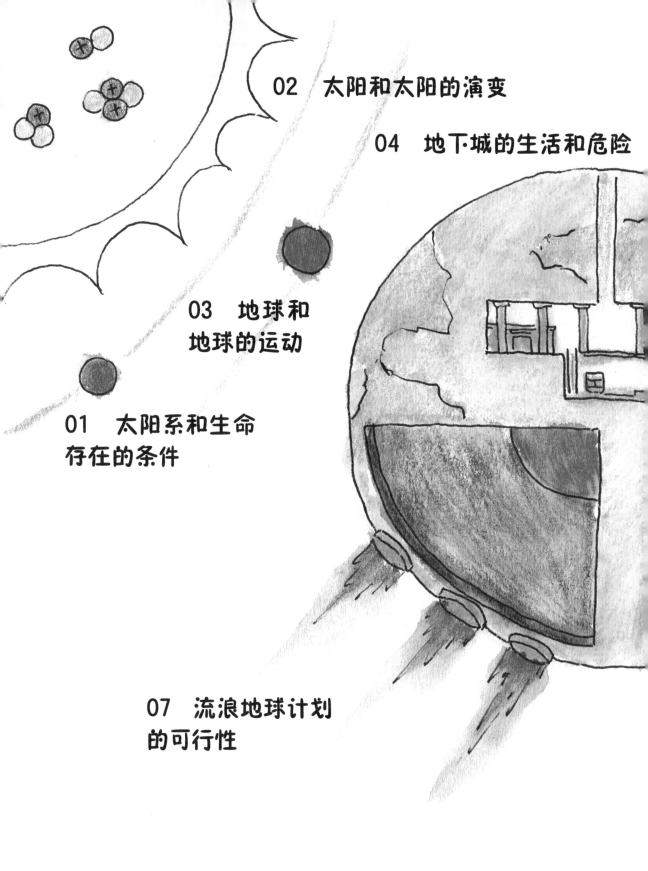

04 太阳和太阳的演变

04 地下城的生活和危险

03 地球和
地球的运动

01 太阳系和生命
存在的条件

07 流浪地球计划
的可行性

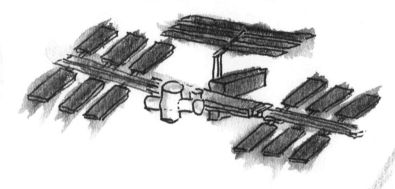

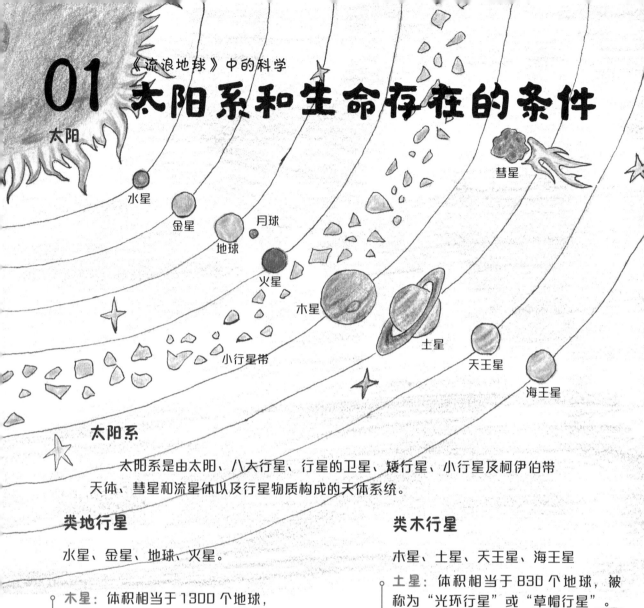

01

《流浪地球》中的科学

太阳系和生命存在的条件

太阳

水星
金星
地球 月球
火星
木星
土星
天王星
海王星
彗星
小行星带

太阳系

太阳系是由太阳、八大行星、行星的卫星、矮行星、小行星及柯伊伯带天体、彗星和流星体以及行星物质构成的天体系统。

类地行星

水星、金星、地球、火星。

类木行星

木星、土星、天王星、海王星

木星：体积相当于1300个地球，大气层中有约90%的氢气。

天王星：体积有65个地球大，是人类肉眼能看到的最远的行星。

金星：大小与地球相仿，是太阳系中表面温度最高的行星。

土星：体积相当于830个地球，被称为"光环行星"或"草帽行星"。

海王星：体积有58个地球大，是离太阳最远的行星。

地球

火星

水星：太阳系中最小的行星。

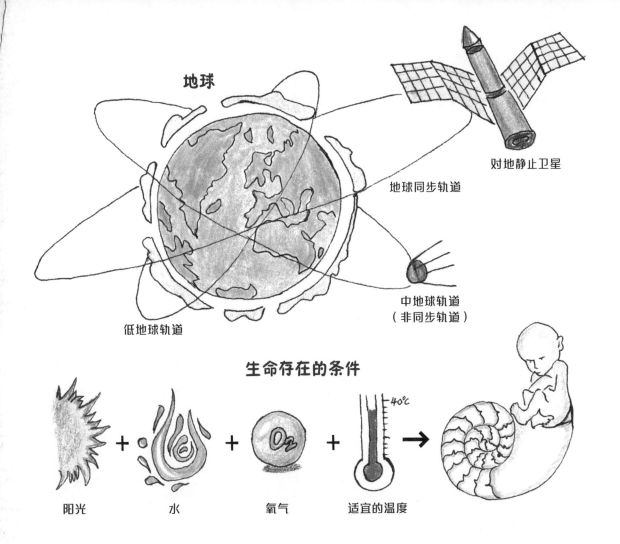

地球

对地静止卫星

地球同步轨道

中地球轨道
（非同步轨道）

低地球轨道

生命存在的条件

阳光 + 水 + 氧气 + 适宜的温度 →

-40℃

火星：半径是地球的一半，已在火星发现地下储冰，火星可能具备支持现有生命的条件。

木卫二：体积与月球相当，表面极厚冰壳下有液态水层，受木星潮汐作用加热，基本能满足生命所需的条件。

土卫六：体积比水星还大，浓密的含氮大气层下是一个与古地球非常相似的由碳氢物质组成的有机物表面。

02 太阳和太阳的演变

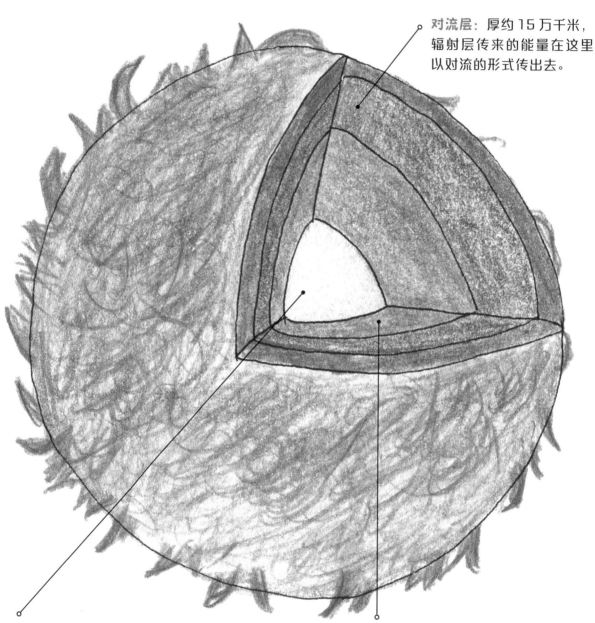

对流层：厚约 15 万千米，辐射层传来的能量在这里以对流的形式传出去。

日核：占太阳半径的 1/4，质量达到太阳质量的一半。温度达 1500 万℃，随时都在进行着四个氢核聚变成一个氦核的核聚变反应。

辐射层：从日核到 0.71 个太阳半径的区域。日核聚变产生的能量在这里以电磁波的形式传向太阳外层。

通常意义的核聚变反应

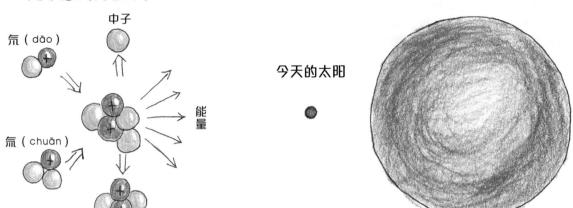

氘（dāo）

氚（chuān）

中子

能量

氦原子

54 亿年后的太阳：红巨星

今天的太阳

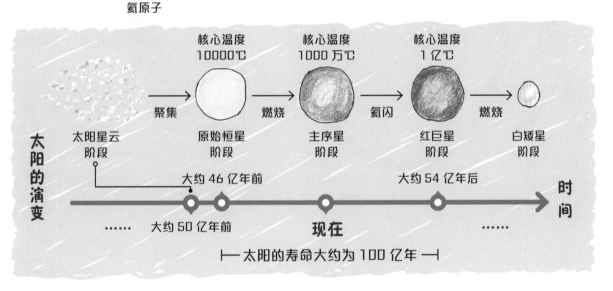

核心温度 10000℃

核心温度 1000 万℃

核心温度 1 亿℃

太阳星云阶段

聚集

原始恒星阶段

燃烧

主序星阶段

氦闪

红巨星阶段

燃烧

白矮星阶段

太阳的演变

大约 46 亿年前

大约 54 亿年后

大约 50 亿年前

现在

时间

├── 太阳的寿命大约为 100 亿年 ──┤

太阳演变为红巨星，地球的命运将怎样？

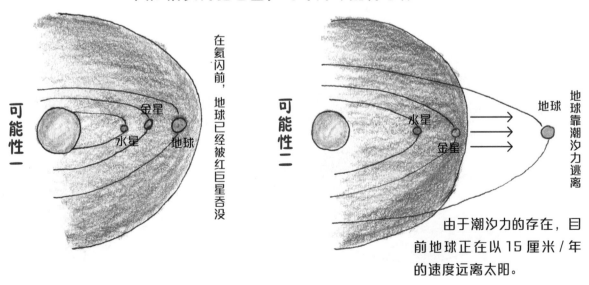

可能性一

金星

水星

地球

在氦闪前，地球已经被红巨星吞没

可能性二

水星

金星

地球

地球靠潮汐力逃离

由于潮汐力的存在，目前地球正在以 15 厘米 / 年的速度远离太阳。

03 地球和地球的运动

《流浪地球》中的科学

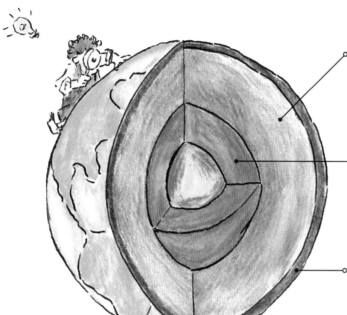

地幔：是地球体积最大、质量最大的一层，平均厚度2865千米。分为上地幔和下地幔。上地幔顶部存在一个软流层，可能是岩浆发源地。

地核：分为三层，外地核厚约2080千米，呈液态，可流动；过渡层厚约140千米；内地核是半径为1250千米的球心，呈固态。

地壳：由岩层构成，是地球最薄的一层，平均厚度17千米。

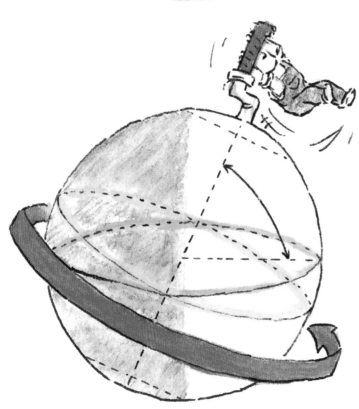

地球自转：地球绕自转轴自西向东转动，从北极点上看呈逆时针旋转。地球自转轴与黄道面成66.34度夹角，与赤道面垂直。地球自转一周用时23小时56分4秒。

转速变化：一方面风的季节性变化导致地球的自转在春天转得慢，在秋天转得快。另一方面潮汐作用导致地球的自转越转越慢。据推算，2亿年后，一年仅有300天，一天会有30小时。

想让地球停止转动需要多大力气?

电影中每个行星"发动机"通过重核聚变能够产生 150 万亿吨的推力,产生的加速度是 0.00000025 米 / 秒。在赤道附近的转动速度大约就是 460 米 / 秒。对于一个"发动机"而言,需要 218569 天(大约 600 年)的时间才能够让地球停止转动。

地球不转了会发生什么?

◆ 每个白天和黑夜将持续半年,甚至会因为被太阳引力锁定,所以一个半球永远是白天,另一个半球永远是黑夜。

◆ 大气层会继续运动,产生强烈飓风。

◆ 引力导致海水上涨,带来巨大潮汐。

绕日公转: 地球目前以 29.79 千米 / 秒的速度绕着太阳公转,转一周需 365 天 5 小时 48 分 46 秒。地球离太阳平均 1.5 亿千米。在每年 1 月初到达近日点的时候,地球会"跑"得快一些;在 7 月初到达远日点的时候,地球会"跑"得慢一些。

远日点

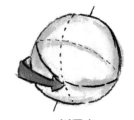

近日点

一年四季不一样长:
在北半球由春天到秋天的季节里,地球公转速度较慢,大约需要 186 天"跑"完全程。这段时间是北半球的夏半年和南半球的冬半年。在北半球由秋天过渡到春天的季节里,地球公转速度较快,大约需要 179 天"跑"完全程。这段时间是北半球的冬半年和南半球的夏半年。

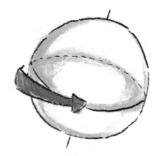

04 地下城的生活和危险

地下城的居住条件

温度：向下每千米地温增加 25 ~ 30℃，地壳以下 5 千米，地温是 125 ~ 150℃。估计修建地下城最需要的是制冷设备吧。

通风：对于室内长期低浓度的污染，人们没有抵御手段，被动吸入大量污染物会损害健康。通过技术平衡空气中氧气、二氧化碳、悬浮颗粒等成分，是地下生活的重要健康保障。

水循环：可以将给水、排水系统组成一个闭路循环的用水系统。将产生的废水处理后重复使用，可不补充或仅少量补充新鲜水，不排放或少排放废水。

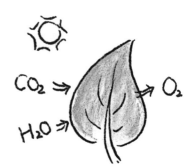

光合作用：绿色植物利用太阳的光能，吸收二氧化碳和水，制造有机物质并释放氧气。光合作用的产物主要是碳水化合物，并释放出能量。

CO_2 ⟶

H_2O ⟶

⟶ O_2

蚯蚓：在电影中，人们把蚯蚓认为是一种营养非常丰富的食物。蚯蚓干中含有 54.6% ~ 59.4% 的蛋白质，富含人体所需的氨基酸，是优质蛋白，营养价值甚至优于牛奶、豆浆和一些鱼类。

在地下城里是否有四季？

四季的形成：地球自转轴与地球绕太阳公转面之间有一个夹角（23度26分）。当地球绕太阳公转时，太阳直射地球的位置在南回归线到北回归线之间移动。当太阳直射点位于北半球时，北半球获得的热量高，处于夏半年；反之，当太阳直射点位于南半球时，北半球获得的热量低，处于冬半年。

当地球停止自转并且脱离太阳系时，想要看到四季景色只能通过模拟来实现了。

在地下城里是否有危险？

岩浆：岩浆产生于上地幔和地壳深处，主要成分为硅酸盐和含挥发成分的高温黏稠熔融物质。据测定，岩浆的温度一般在900～1200℃，最高可达1400℃。

地震：在地表以下5千米的地方，绝大部分都是坚硬的岩石。可以在这里修建地下城，在地震发生时这里的地震倾覆力矩相对于地面的建筑物要小得多，从建筑的结构抗震性能来讲，地下城更抗震。

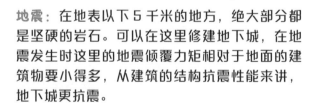

同时，要考虑是否有活动断层穿过。活动断层不仅与地震的发生关系密切，而且断裂的活动对于地下结构及建筑物的安全会产生致命的破坏。

05 速度和空间距离

《流浪地球》中的科学

光速有多快?

汽车的速度: 60 千米 / 时

火车的速度: 300 千米 / 时

 × 5

飞机的速度: 900 千米 / 时

 × 3

火箭的速度: 4.2 千米 / 秒

 × 16.8

宇宙飞船的速度: 70 千米 / 秒

 ×16.7

光速的速度: 300000 千米 / 秒

 × 4285.7

第一宇宙速度: 7.9 千米 / 秒。以此速度飞行可以环绕地球,成为地球卫星。

第二宇宙速度: 11.2 千米 / 秒。以此速度飞行可以脱离地球,成为环绕太阳运动的"人造行星"。

第三宇宙速度: 16.7 千米 / 秒。以此速度飞行可以飞出太阳系。

第四宇宙速度: 110 ~ 120 千米 / 秒。以此速度飞行可以飞出银河系。

第五宇宙速度: 是航天器从地球发射,飞出本星系群的最小速度。由于本星系群的半径、质量均未有足够精确的数据,所以无法估计数据大小。

我们能以光速飞行吗?

约束 1: 根据狭义相对论的质量公式,运动物体的质量会比静止时更大。物体运动的速度越接近光速,质量越接近无限大。

1 光年有多远？

光年是长度单位，光在宇宙真空中沿直线"走"了一年时间的距离，就是 1 光年。光年一般被用于衡量天体间的距离。常见的客机时速大约是 885 千米 / 时，飞 1 光年需要 1220330 年。

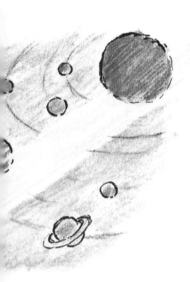

目前，人类拥有的速度最快的飞行器是 2011 年发射的"朱诺号"木星探测器。它的速度达到了 264000 千米 / 时，是此前最快的飞行器"旅行者 1 号"速度的 4.3 倍。

 地球到太阳的距离：0.0000158 光年

地球到天狼星的距离：8.6 光年

地球到银河系中心的距离：2.6 万光年

天文单位：天文单位是测量太阳系天体之间距离的基本单位。1 天文单位约等于 1.496 亿千米。

银河系半径约为 5 万光年。按引力影响算，太阳系的半径可达 2 光年；按奥尔特星云为边界，太阳系的半径可达 0.5 光年。

约束 2：当给一个物体加速时，所施加的能量有一部分会转化成物体的质量，更大的质量会进一步阻碍加速。最终无限接近光速就需要无限大的能量。

未来可能

曲率飞行：利用弯曲空间的弹性推动飞船高速前行，只要调节空间拉伸与弯曲程度即可几乎无限制地增加速度。

《流浪地球》中的科学

银河系和比邻星

宇宙测量

在可观测的宇宙中，星系的总数可能超过 1000 亿个，最古老的星系距今约 135.5 亿年。已知最大的星系距地球大约 10.7 亿光年，直径约 560 万光年，相当于银河系直径的 50 多倍。

银河系

银河系中包括 1200 亿颗恒星和大量的星团、星云，还有星际气体和尘埃。太阳系就位于银河系中。银河系直径约 10 万光年，总质量约为太阳质量的 8000 亿 ~ 1.5 万亿倍。

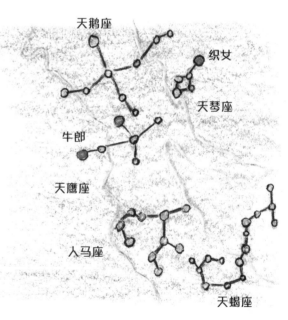

银河系中间厚、边缘薄，呈扁平状。通常我们看到的银河其实只是银河系的一部分，位于天鹰座和天赤道相交处。在北半天球，它经过天鹅等星座，跨入天赤道，再往南经过南十字星、天蝎座、人马座等。

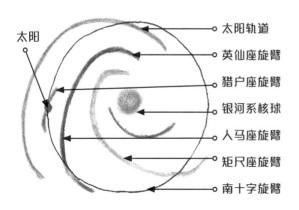

银河系是巨大的棒旋星系，其内的恒星、气体和尘埃等分布成旋涡状，这种漩涡被称为旋臂。太阳系位于猎户座旋臂、人马座旋臂和英仙座旋臂之间。

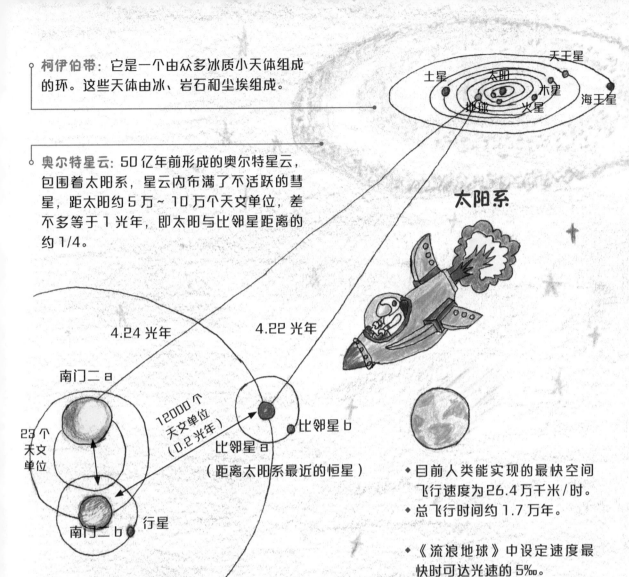

柯伊伯带：它是一个由众多冰质小天体组成的环。这些天体由冰、岩石和尘埃组成。

奥尔特星云：50 亿年前形成的奥尔特星云，包围着太阳系，星云内布满了不活跃的彗星，距太阳约 5 万~ 10 万个天文单位，差不多等于 1 光年，即太阳与比邻星距离的约 1/4。

天王星
土星　太阳
地球　火星　木星
海王星

太阳系

4.24 光年
4.22 光年

南门二 a

23 个天文单位

12000 个天文单位（0.2 光年）

比邻星 b
比邻星 a
（距离太阳系最近的恒星）

南门二 b　行星

◆ 目前人类能实现的最快空间飞行速度为 26.4 万千米/时。

◆ 总飞行时间约 1.7 万年。

◆《流浪地球》中设定速度最快时可达光速的 5‰。

◆ 总飞行时间约 2500 年。

比邻星 VS 太阳

阶段：红矮星
亮度：视星等 *11 等
直径：约为太阳直径的 1/7
质量：约为太阳质量的 1/8
年龄：48.5 亿岁
温度：表面约 2800℃

比邻星　VS　太阳

阶段：主序星
亮度：视星等 - 26.74 等
直径：140 万千米
质量：$2×10^{30}$ 千克
年龄：46 亿岁
温度：表面约 5700℃

* 注：视星等是用肉眼看到的星体亮度，它的数值越小亮度越高，反之越暗。

07 流浪地球计划的可行性

《流浪地球》中的科学

流浪地球计划

阶段 1：刹车阶段
行星发动机使地球停止自转。

阶段 2：逃逸阶段
全功率开动行星发动机，加速驶出太阳系。

阶段 3：先流浪阶段
利用太阳和木星完成加速，驶向比邻星。

如何利用木星加速？

利用行星的引力改变飞行轨道和速度，即引力弹弓效应。木星公转速度约为 13 千米 / 秒。当地球通过木星后，就算不计算地球发动机带给地球的额外速度叠加，地球获得的速度也将至少达到 55.8 千米 / 秒，足以完成逃离太阳系的任务。

为什么选择利用木星加速？

质量越大的天体动能交换越多。木星的质量约为地球的 318 倍，是太阳系中质量最大的行星，而且是适合对地球进行引力助推的行星中，距离地球最近的行星。

为什么选择带着地球流浪？

距离太阳系最近的比邻星没有行星（不过，最新的天文研究成果显示：比邻星的行星已被发现）；最近的有行星的恒星系在 850 光年外；人类目前还不具备建造大型、稳定的生态系统的技术。

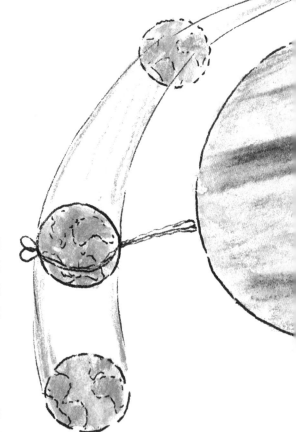

为什么会坠落木星，地球解体？

当两个天体的质量和引力场强度存在差异并且距离足够近时，质量较小、引力场强度较弱的天体就会被另一个更大天体的潮汐力拉扯解体。该定义极限距离就是洛希极限。地球与木星的刚体洛希极限约为 6.27 万千米。在电影中，地球大气与木星大气的距离大于洛希极限，所以木星的引力并不会把地球撕碎。

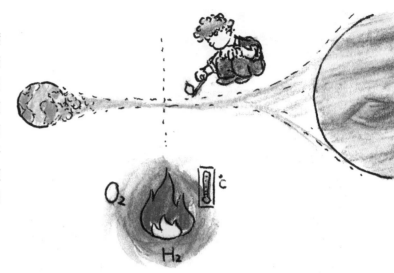

点燃木星可行吗？

木星是一颗气态行星，大气中氢含量高达 90%。从地球抽取的大量氧气和木星的大气中的大量氢气混合，具备了燃烧的三个必要条件。爆炸所需的氢气的浓度为 4% ~ 70%，但过低的氧气含量仍然无法点燃木星。

阶段 4：后流浪阶段

利用 500 年时间将地球加速到光速的 5‰，然后滑行 1300 年，再调转发动机，利用 700 年进行减速。

阶段 5：新太阳时代

地球泊入比邻星轨道，成为比邻星的行星。

地球流浪为什么没带月球？

地月引力无法让地球以一个相对静止的状态向前前进。逃逸过程中，如果月球还在跟随地球，那么月球就必须保持同速，否则推进器的工作量就要再加上整个月球。两者的速度如果有差异，就会出现月球和地球相撞的可能。

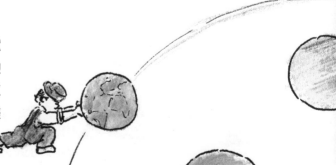

08 宇宙空间站和星际探测器

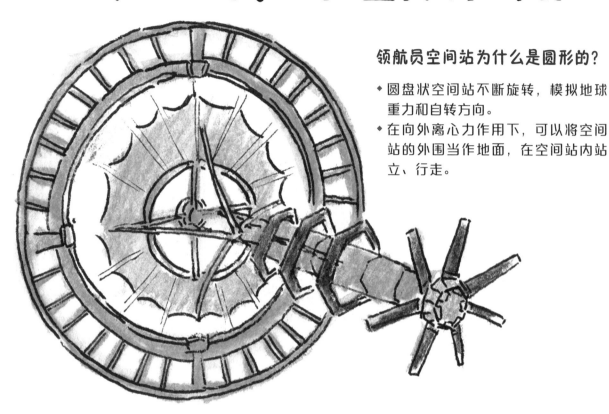

领航员空间站为什么是圆形的？

◆ 圆盘状空间站不断旋转，模拟地球重力和自转方向。

◆ 在向外离心力作用下，可以将空间站的外围当作地面，在空间站内站立、行走。

知名探测器及探测成就

飞经某一行星的探测器："旅行者1号"是迄今为止人类飞得最远的飞行器，现处在距离太阳 220 亿千米以外的地方，以 17 千米/秒的速度逃离太阳系。它曾到访过木星及土星，是提供行星高清晰解像照片的第一艘航天器。

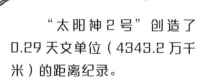

环绕恒星运行的探测器："太阳神1号""太阳神2号"探测器被部署在绕太阳椭圆轨道上，用于研究太阳活动。

"太阳神2号"创造了 0.29 天文单位（4343.2 万千米）的距离纪录。

在行星上着陆的探测器："海盗1号"和"海盗2号"探测器于 1975 年在火星表面软着陆成功。着陆 40 分钟后就将第一张火星彩照发回地球。它们分别在火星上工作了 6 年和 3 年，对火星进行了考察，共发回 5 万多幅火星照片，精度可达 200 米。

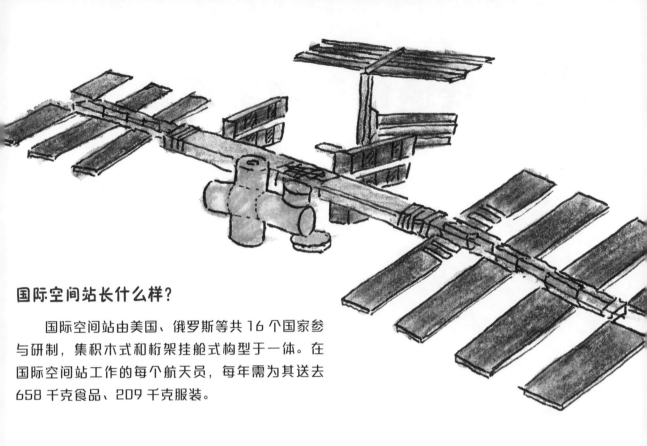

国际空间站长什么样？

　　国际空间站由美国、俄罗斯等共 16 个国家参与研制，集积木式和桁架挂舱式构型于一体。在国际空间站工作的每个航天员，每年需为其送去 658 千克食品、209 千克服装。

航天员在国际空间站上研究什么？

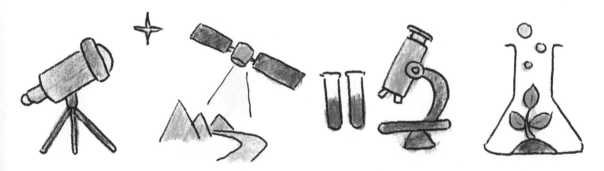

对天观测：对天观测可获得宇宙射线、亚原子粒子等重要信息，对影响地球环境的天文事件（如太阳耀斑、暗条爆发等）做出快速反应。

对地观测：利用可见光、红外和微波等探测手段，对人类赖以生存的地球环境及人类活动本身进行观测。

材料科学：研究高真空、超洁净、微重力空间环境条件下材料加工过程的物理规律、材料加工生产及工艺。

重力生物学：通过多种参数来判断重力对航天员身体的影响，可提高对人的大脑、神经、骨骼和肌肉等方面的研究水平。

09 无线通信和超级基站

《流浪地球》中的科学

常见的通信方式

有线电通信

交换机

利用导线传输信息的方式可分为明线通信、电缆通信和波导通信。有线电通信的特点是保密性好、稳定，不易受干扰。

无线电通信

基站

利用无线电波传输信息的通信方式机动性好，但不稳定，易受干扰，易被截获。

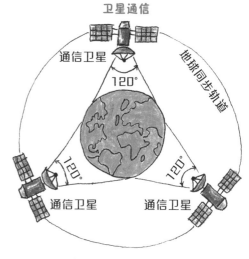

卫星通信是利用人造地球卫星作为中继站来转发无线电波而进行的两个或多个地球站之间的通信，具有覆盖范围广、通信容量大、传输质量好、组网方便迅速等优点。

在地球同步轨道要部署至少三颗通信卫星才能覆盖整个地球。

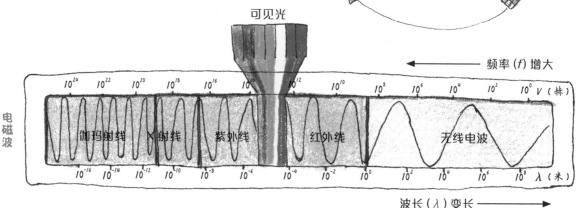

无线电波是电磁波家族中的一员。无线电波的波长越短，频率越高。无线电波在真空中的速度等于光在真空中的速度，因为无线电波和光均属于电磁波。无线电波在空气中的速度略小于光速。

联合国教科文组织把每年的 2 月 13 日定为"世界无线电日"。

空间站与流浪中的地球通信的可能方式

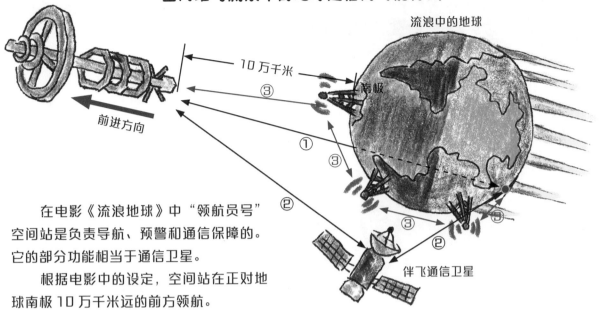

在电影《流浪地球》中"领航员号"空间站是负责导航、预警和通信保障的。它的部分功能相当于通信卫星。

根据电影中的设定，空间站在正对地球南极10万千米远的前方领航。

✗ **方式1：直接通信** 空间站与人类居住的北半球直接通过无线电波通信。但因无线电波无法从南半球穿过整个地球到达北半球，故无法实现。

✗ **方式2：卫星通信** 空间站与人类居住的北半球通过中继卫星转发实现通信。但由于地球处于流浪过程中，目前的卫星已无法实现与地球同步，故无法实现。

✓ **方式3：超级基站** 空间站与南极附近的地面超级基站实现通信，再通过地面基站的转发实现与北半球的通信，具有可行性。

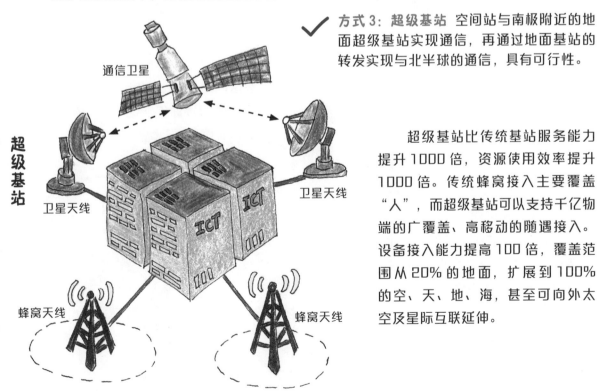

超级基站比传统基站服务能力提升1000倍，资源使用效率提升1000倍。传统蜂窝接入主要覆盖"人"，而超级基站可以支持千亿物端的广覆盖、高移动的随遇接入。设备接入能力提高100倍，覆盖范围从20%的地面，扩展到100%的空、天、地、海，甚至可向外太空及星际互联延伸。

10 宇航级通信

《流浪地球》中的科学

行星探测器如何同地球联系？

火星距离地球 5500 万 ~ 4 亿千米。"好奇号"探测器信号传输单向传输用时 14 分钟，意味着目前的距离是 2.48 亿千米。

"好奇号"的主板上有 3 个无线电系统。其中 2 个处于 7 ~ 8 吉赫的 X 波段，以 60 比特 / 秒 ~ 12 千比特 / 秒低数据率将信号传输回地球，主要负责接收指令。第三个是数据调制解调器，运行频率接近 400 兆赫，可以和绕火星的卫星进行通信，用于将数据转发到地球，它的数据率更高（约为 128 千比特 / 秒）。火星探测器"漫游者"也只能实现大约 256 千比特 / 秒的数据传输速率。

深空网包括设在美国加利福尼亚、西班牙马德里和澳大利亚堪培拉的 3 座经度间隔 120 度的大型测控站，保证随着地球的转动仍然能够对目标保持不间断的监控。

在地球上如何接收信息？

深空网 * 是一个覆盖全球的巨型测控站网络，可以接收通信信息，开展行星际探测。

太空舱内有气体，航天员可以面对面说话交流。而声音的传播需要介质，在真空中不能传播，所以航天员在太空舱外要靠无线电来对话交谈。

* 深空网，英文全称为 Deep Space Network，简称 DSN。

如何实现星际通信？

如果从距离太阳最近的恒星（比邻星，约 4.22 光年）向地球发送功率为 1 瓦的信号，在地球上需要有一座口径超过 50 千米的射电望远镜才能接收到。

如何与太空中的探测器进行通信？

"旅行者 1 号"距离地球超过 210 亿千米，安装了永远朝向地球的 22.4 瓦高增益发射器，选择干扰较小的 8 吉赫的无线电频率。每一次通信，无线电信号都要经过 17 个小时才能传回地球，只能以 160 比特 / 秒的速度缓慢地传回数据，传一张照片可能都要几十分钟。当信号到达地球时仅有十亿亿分之一瓦，只有口径不小于 70 米的射电望远镜才能收集到足够强的信号。

由于"旅行者 1 号"携带的两枚核电池电量也不是很多了，最多能支撑到 2025 年，之后会彻底关闭并失去联系。

如何联系上国际空间站？

条件 1：
空间站在同一个地区的天空中停留 10 分钟左右。

条件 2：
空间站无线电传输信号频率为 145.80 兆赫。

条件 3：
需要有高 2 米左右的天线。

下面的问题你思考过吗?

1. 被推离木星的地球能获得逃离太阳系的第三宇宙速度吗?

2. 温度骤降,大气稀薄的地球与其他类地行星还有什么区别?

3. 摆脱木星引力后,地球是否有可能再次受到土星、天王星等大型星体的威胁?

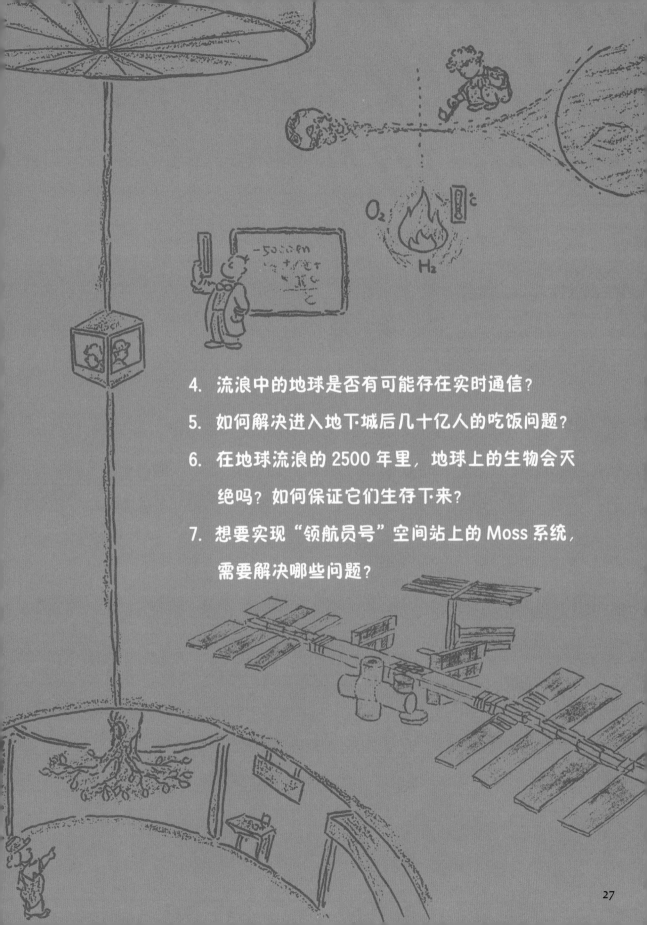

4. 流浪中的地球是否有可能存在实时通信？

5. 如何解决进入地下城后几十亿人的吃饭问题？

6. 在地球流浪的 2500 年里，地球上的生物会灭
   绝吗？如何保证它们生存下来？

7. 想要实现"领航员号"空间站上的 Moss 系统，
   需要解决哪些问题？

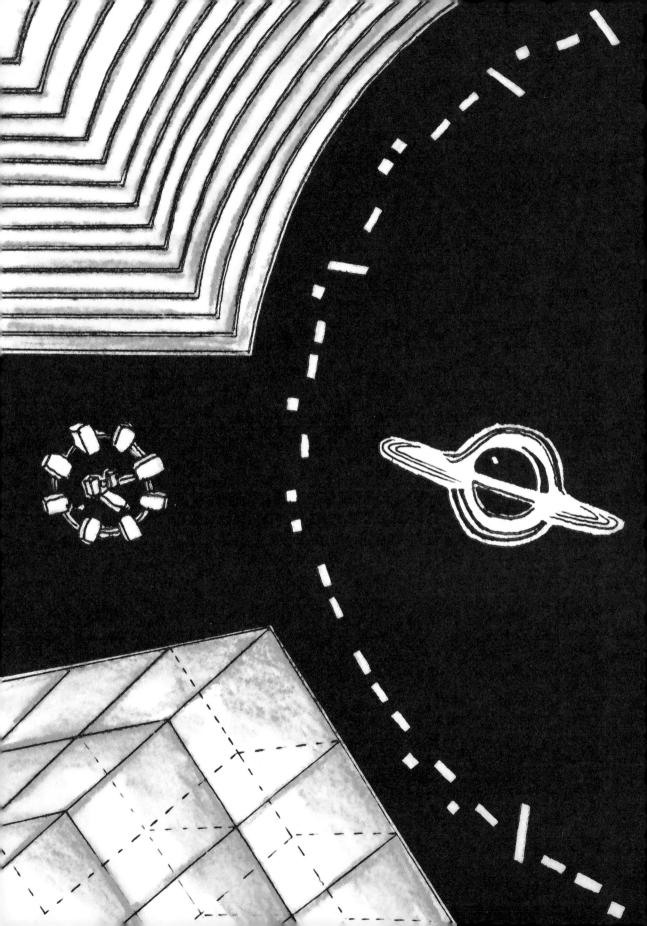

《星际穿越》* 中的科学

影片《星际穿越》由 2017 年诺贝尔物理学奖获得者、加州理工学院全球顶尖理论物理学家基普·S. 索恩担任执行制片人和科学顾问。他为本片提供了可靠的科学保证。

在影片中，专业谨慎的科学知识贯穿始终。依据庞大的物理学知识体系，主创团队打造出极其震撼的科幻场面。

*《星际穿越》是由克里斯托弗·诺兰、斯皮尔伯格担任制片人，派拉蒙影业、传奇影业及华纳兄弟影业出品的科幻电影。

在家中观看电影《星际穿越》。

黑洞会造成周围时空的高度弯曲。

在学校进行电影分享。

31

04　星际移民计划

06　多维空间

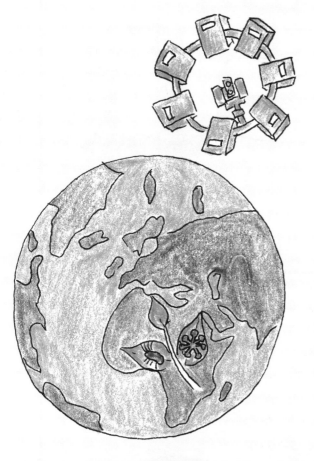

03　虫洞

01　枯萎病

09　时间膨胀

05 米勒星球

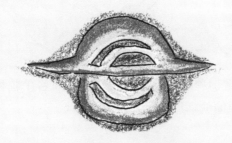

02 黑洞

08 引力异常与引力波

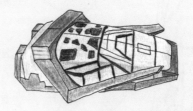

07 引力弹弓

10 平行宇宙与时间旅行

01 枯萎病

《星际穿越》中的科学

地球危机的可能性

认识枯萎病

枯萎病是对多数由真菌或细菌等病原体导致植物茎、叶、花、果凋萎甚至死亡的疾病的泛称。

大多数枯萎病都是针对某一特定物种的，但也有可能存在对多个物种甚至所有植物都具有致命性的泛型枯萎病，比如攻击叶绿体的病原体引发的枯萎病。

枯萎病真的能导致植物灭绝吗？

黑叶斑病曾经导致了世界范围内香蕉减产50%。香蕉巴拿马病，在20世纪直接导致了一个香蕉品种大米歇尔的灭绝。2010—2011年，柑橘黄龙病导致美国佛罗里达州柑橘减产4400万箱，占预计产量的24%。

特型枯萎病通常是高致命的，足以干掉特定植物种群中99%的植物。

如何防治枯萎病？

农业措施：清理病株残体，设立隔离带，切断病原的传播途径，防止扩散。

化学防治：使用靶向性化学制剂，预防或杀灭病原体。

生物防治：利用生物或其代谢产物来控制农业危害。

培育抗病品种：通过杂交、诱变、转基因育种等方式，培育抗病品种。

认识氧循环

呼吸作用、燃烧和腐败过程都会消耗大气中的氧气。植物中的叶绿体通过光合作用能把二氧化碳和水分解为有机物和氧气。

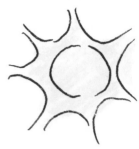

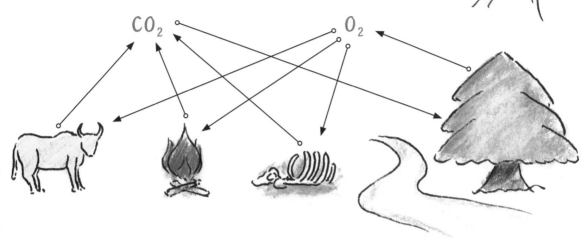

氧气能被消耗完吗？

在太阳风的作用下，地球大气每年要损失500万吨氧。而地壳中的氧元素几乎占地壳总质量的一半。地球上的氧气仅有10%是由陆地上的绿色植物提供的，90%来源于海洋以及地壳深处。再加上太阳光分解水蒸气产生的氧气，氧气在大气中的占比始终保持在1/5左右。在没有大灾难的情况下，不必担心氧气被用光。

氧气含量下降的后果

大气中二氧化碳含量达到0.2%，就足以让敏感人群感到呼吸不畅。氧气含量低于5%，人类将无法生存。

0.2%的大气二氧化碳含量可以使地球温度上升10℃。

如果地球上的氧气含量持续降低，随着时间的推移，地球上的生物都会变小，寿命也会变短。

02 黑洞

黑洞是由弯曲的时间和弯曲的空间构成的，被一个叫作"事件视界"的二维空间包裹着，简称"视界"。

没有东西可以逃离黑洞，甚至包括光，这也是黑洞如此漆黑的原因。黑洞的表面积和质量成正比：质量越大，表面积越大。

视界：进入视界时，时间的流逝极为缓慢，物体，甚至是光一旦进入黑洞就再也出不来了。

空间弯曲：黑洞的空间塌陷程度，影响着黑洞的直径，也同时影响着黑洞的质量。我们可以用颜色的变化来显示观察者在距黑洞视界某个高度盘旋时所测得时间变慢的程度。在最下面的黑色圆环上时间停滞，这里也就是视界。

奇点：奇点是一个非常小的区域。在奇点处，空间会产生"无限扭曲"，任何已知物体都会被拉伸和挤压到无法存在。

黑洞自旋：黑洞会拉动周围的空间进行漩涡式的回旋运动，越靠近黑洞的中心，空间回旋就变得越来越快，在视界附近这种拖拽将无法抗拒。

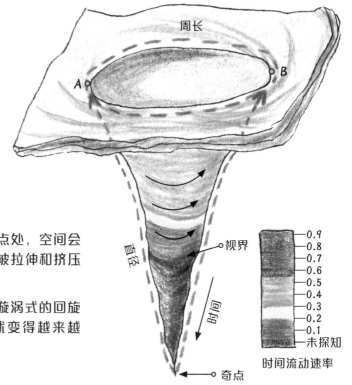

周长

A B

视界

直径

时间

- 0.9
- 0.8
- 0.7
- 0.6
- 0.5
- 0.4
- 0.3
- 0.2
- 0.1
- 未探知

时间流动速率

奇点

爱因斯坦的时间弯曲理论

任何事物都倾向于去往时间流逝最慢的地方——引力会将其拉向那个地方。

时间流逝得越慢，引力就越强：

- 在地球上，时间每天只会变慢几微秒，引力适中。
- 在中子星的表面，一天里时间的流逝会比在地球上慢几个小时，那里的引力非常强。
- 在黑洞的视界面，时间流逝已经停止，所以那里的引力非常大，以至于没有任何东西可以逃离，包括光。

恒星级质量黑洞：大质量恒星内部无法抵抗引力，向内坍塌形成黑洞。质量范围可达到太阳质量100倍。2015年9月14日，引力波探测首次发现此类黑洞。

中等质量黑洞：质量介于恒星级质量黑洞和超大质量黑洞之间。

超大质量黑洞：坐落于星系中心，质量范围可以从100万倍到几百亿倍太阳质量，被认为每个星系中心都存在。

2019年4月10日，人类使用事件视界望远镜（EHT）首次拍摄出了黑洞的照片。EHT是一组全球分布的射电望远镜阵列，可以将望远镜有效口径扩大到地球半径大小，分辨率达到超大质量黑洞的视界大小。

卡冈都亚黑洞

卡冈都亚是一个质量相当于1亿倍太阳质量的超大质量黑洞。它距离地球100亿光年，被几颗行星环绕。卡冈都亚自转的速率只比光速慢100万亿分之一。

卡冈都亚的吸积盘包含气体与尘埃，温度与太阳表面相当。这个盘为围绕着卡冈都亚旋转的行星提供了光和热。

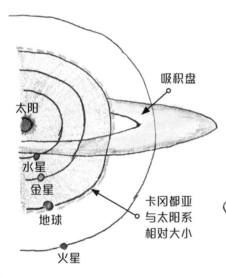

太阳
水星
金星
地球
火星
吸积盘
卡冈都亚与太阳系相对大小

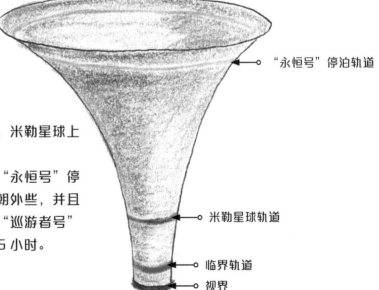

"永恒号"停泊轨道
米勒星球轨道
临界轨道
视界

由于卡冈都亚的超高自转速率，米勒星球上可以产生极端的时间变慢效应。

电影《星际穿越》中库珀希望"永恒号"停泊在一个平行于米勒星球，但稍微朝外些，并且时间变慢的程度很轻微的轨道上。"巡游者号"从这一停泊轨道到米勒星球需要2.5小时。

03 虫洞

《星际穿越》中的科学

宇宙中虫洞这一概念源自苹果中的虫洞。对于苹果上的虫子来说，苹果的表面是它的整个宇宙。如果苹果中有一个虫洞，那么虫子从苹果表面的一点到达另一点就有两条路径，分别是沿苹果表面的路径和穿过虫洞的路径。

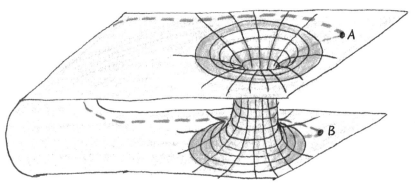

如果我们的宇宙是一个二维平面，那么从 A 点到 B 点就有了两条不同的路径。在三维的空间中虫洞的入口表现为曲率变化的同心圆，在现实的宇宙中则是一系列嵌套在一起的同心球壳。

虫洞是如何形成的？

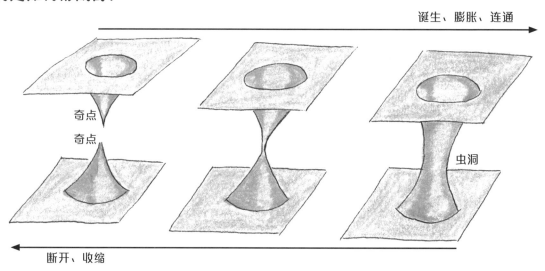

诞生、膨胀、连通

奇点
奇点

虫洞

断开、收缩

虫洞形成之初，宇宙中有两个相互独立的奇点。随着时间的流逝，两个奇点在宇宙的高维空间里连通起来，形成了虫洞。之后，虫洞的周长不断膨胀，然后又开始收缩断开，最后恢复成两个独立的奇点。诞生、膨胀、连通、收缩和断开的过程都是在极短的时间内完成的，没有任何东西能够在如此短的时间内穿越虫洞，包括光。

虫洞可能的样子

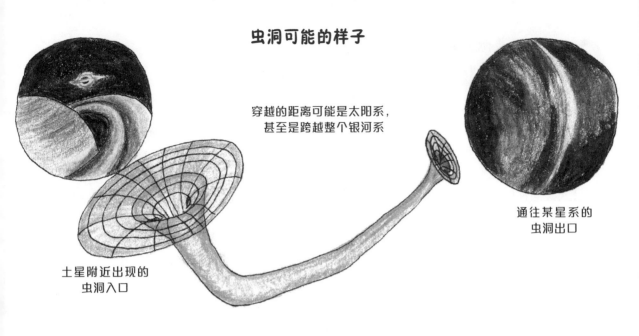

穿越的距离可能是太阳系，
甚至是跨越整个银河系

通往某星系的
虫洞出口

土星附近出现的
虫洞入口

能否制造出一个可穿行虫洞？

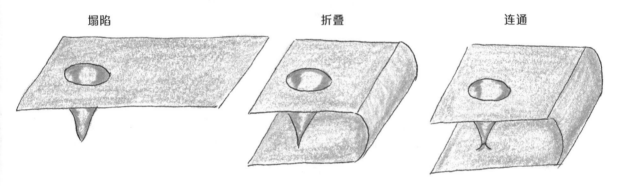

塌陷　　　　　　　　折叠　　　　　　　　连通

　　从表面上看，制造一个虫洞只需要上面的三个步骤，但实际上却复杂得多。一个可以穿行的虫洞一定要由某种具备负能量的物质支撑。这些物质的能量至少要和光束穿行虫洞时所承受的负能量相当。目前的研究表明，可穿行的虫洞也许是不可能存在的。

　　《星际穿越》的科学顾问基普·索恩认为："一个超级发达的文明是制造出稳定的可穿行虫洞的唯一希望。"

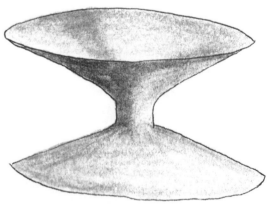

　　电影中的虫洞是一个中等透镜宽度的短虫洞，它的长度只有普通虫洞半径的1%，虫洞的透镜宽度也被设定为中等大小，大概是虫洞半径的5%。

04 星际移民计划

《星际穿越》中的科学

计划 A

用巨大的太空移民飞船寻找适合人类居住的行星，将人类整体移民到新的家园。

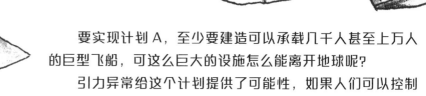

虫洞

穿越宇宙抵达新的
宜居星球

要实现计划 A，至少要建造可以承载几千人甚至上万人的巨型飞船，可这么巨大的设施怎么能离开地球呢？

引力异常给这个计划提供了可能性，如果人们可以控制引力，那么再大的飞船也可以飘浮在太空中。

地球的引力

用牛顿的平方反比定律确定，$g=Gm/r^2$，

* r^2 是到地球中心距离的平方
* m 是地球的质量
* G 是牛顿引力常数

✓ 如果把引力常数 G 减小到一半，那么地球的引力也将减半。

✓ 如果 G 减小到原来的 1/1000，那么地球的引力也会减小到原来的 1/1000。

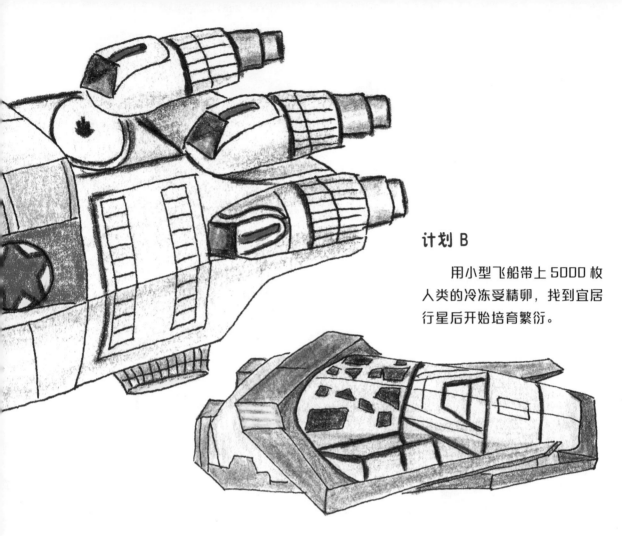

计划 B

用小型飞船带上 5000 枚人类的冷冻受精卵，找到宜居行星后开始培育繁衍。

冷冻后的胚胎可以保存于液氮中，在 -196℃的环境里，胚胎的生命活动几乎停止，理论上能够存放百年之久，并且冻存时间长短不会影响胚胎质量。

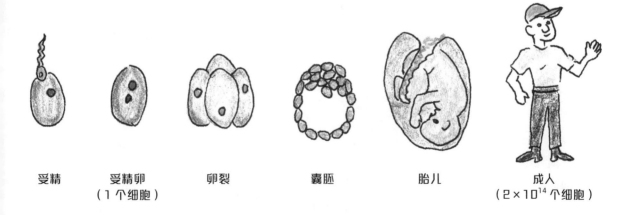

| 受精 | 受精卵
（1 个细胞） | 卵裂 | 囊胚 | 胎儿 | 成人
（$2×10^{14}$ 个细胞） |

胚胎冷冻技术自出现至今只经过了大约 20 年，解冻后，绝大部分胚胎能够恢复冷冻前的状态并重新开始活跃的生命活动。

05 《星际穿越》中的科学 米勒星球

"永恒号"

奇特的米勒星球存在的可能性

米勒星球的特点

♦ 极慢的时间流逝。
♦ 巨大的海浪。

米勒星球所处的环境

通过离心力和引力的平衡，米勒星球在周长约10亿千米的轨道上绕着黑洞稳定转动，公转周期约为1.7小时。

米勒星球

巨浪的形成

米勒星球离黑洞很近，近乎极限。巨大的潮汐力使米勒星球在朝向黑洞的方向上被拉伸，在与黑洞连线垂直的方向上被挤压。

潮汐力对米勒星球的拉伸和挤压强度反比于黑洞质量的平方。黑洞质量越大，施加的潮汐力越弱。因此黑洞质量至少为太阳质量的1亿倍，否则米勒星球将被潮汐力撕裂。

卡冈都亚黑洞

地球上的"巨浪"

涌潮一般发生在平坦的大河入海口，当大海开始涨潮时，河流上会形成一堵"水墙"。著名的钱塘江大潮就是由月球潮汐力造成的。

黑洞视界周长正比于黑洞质量。质量相当于1亿倍太阳质量的卡冈都亚黑洞，视界周长约为地球绕太阳转动的轨道长度，约10亿千米。

如何做到"天上一时，地上七年"？

　　如果米勒星球在不落入黑洞的情况下尽可能接近它，并且旋转得足够快，同时黑洞的自旋速度也极快，那么"天上一时，地上七年"是可能实现的。

米勒星球的 1 小时等于 7 年的原因

　　引力时间膨胀效应是由强烈的引力效应造成的。根据广义相对论，物体会导致周围时空发生弯曲，时间在引力越强的地方相对流逝得越慢。运行在距离地表 2 万～3 万千米的卫星，对它们而言的 1 天会比地球表面的 1 天多数十微秒。在高速自转的米勒星球上，时间过得比地球更慢。

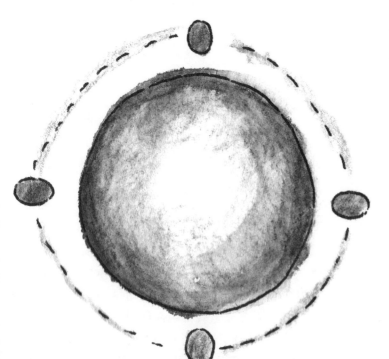

米勒星球奇特时空的可能性

　　米勒星球的公转速度几乎达到光速的一半。考虑到时间变慢，船员观测到的公转周期应缩短至六万分之一，即 0.1 秒，也就是每秒转 10 圈。由于黑洞快速自旋所产生的回旋空间的存在，相对于行星所在的旋转空间，在米勒星球的当地时间，行星速度并没有超过光速。

　　米勒星球永远保持同一面朝向黑洞，所以它的自转和公转速率是一样的，都是 10 圈 / 秒。

06 多维空间

认识多维空间

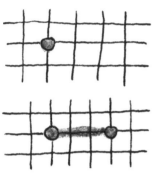

零维空间

零维空间同几何意义上的点一样，它没有大小、没有维度、没有空间、没有时间。

一维空间

在两点之间连一条线，可构造出一维空间。一维空间只有长度，没有宽度和深度。

二维空间

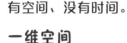

二维空间里的物体有宽度和长度，但是没有深度。可以将它理解成扑克牌 J.Q.K 里的画像那样的纸片人。

三维空间

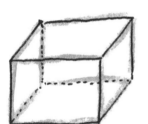

我们生活在具有长度、宽度与高度的三维空间中。在二维纸面上须横穿整张纸才能到达另一头，但把纸卷起来，只要走过接缝即可到达。也就是说给二维空间增加一个维度，就得到了三维空间。

四维空间

四维比三维多出时间这一维度。将人的一生看成无数个点，用时间维度连接则构成了四维空间。我们作为三维生物，只能看到四维空间的截面，也就是此时此刻的世界。

五维空间

在四维空间时间线的基础上，再加上一条时间线，和这条时间线交叉，增加一个维度，就构成了五维空间。比如你大学毕业，可能选择当职业运动员，也可能选择当教师。在四维空间中你只能看到你的某一个时间线上的职业选择。而在五维空间中你可以看到你不同的分支。

时间

时间线 1

时间线 2

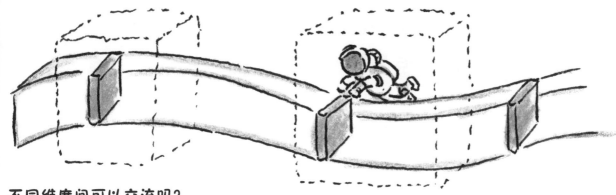

不同维度间可以交流吗？

高维度对低维度可以进行单方面的访问，而低维度想要了解高维度必须是双向的。

在电影《星际穿越》中通过书的掉落展现隐藏的信息。书架上的书在时间线上的延伸体的变化称为书的"世界管"。推动一本书，就会产生一个引力信号，该引力信号逆时间穿越到卧室所处的时刻，作用在书的世界管上，造成世界管的移动，书就会掉下书架。不同维度间可以通过引力来传递信息。

从五维空间中逃离的可行性？

当五维空间关闭时，航天员被弹到了三维空间中的投影位置，而出现的这个位置与时间，无论五维空间在什么时候关闭都不受影响。

如同一个三维球穿过一个二维平面空间，在二维平面上看到的是三维球的二维横截面的变化，从一个点扩张成最大的圆，再缩小成一个点。

还有更高维度的空间吗？

低维度生物不能意识到高维度空间发生的事情。低维空间可以通过增加维度产生高维空间。

六维空间是指与这个宇宙具有相同初始条件但不同后期演化的所有可能宇宙的集合；

七维空间是指初始条件也不同的所有宇宙的集合；

八维空间可视为不同宇宙的可能性集合；

九维空间可视为可以随便改变的宇宙；

十维空间则是所有的一切的一切的一切。

07

引力弹弓

"巡逻者号"在落到米勒星球附近时，借助于一个中等质量的中子星的引力效应降低速度并改变了轨道方向，这个过程称为"动力学摩擦"。

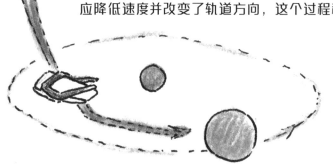

引力弹弓原理

引力弹弓利用行星或其他天体的相对运动和引力改变飞行器的轨道和速度的原理，有助于节省燃料、时间和计划成本。

被探测天体的质量、探测器的飞掠高度和相对速度，使其轨道发生一定程度的偏转。探测器的飞入角大小会改变其速度。

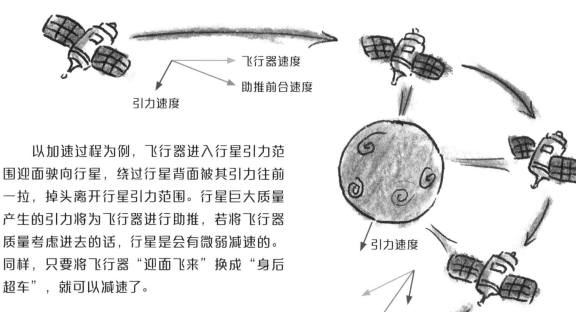

以加速过程为例，飞行器进入行星引力范围迎面驶向行星，绕过行星背面被其引力往前一拉，掉头离开行星引力范围。行星巨大质量产生的引力将为飞行器进行助推，若将飞行器质量考虑进去的话，行星是会有微弱减速的。同样，只要将飞行器"迎面飞来"换成"身后超车"，就可以减速了。

引力弹弓原理的局限性

行星和其他大质量天体并不总是在助推的理想位置上。例如，20 世纪 70 年代末，"旅行者号"得以成行的重要原因是当时木星、土星、天王星和海王星都将运行至助推的理想地点，形成了一个队列。类似的队列将要到 22 世纪中期才会再次出现。

如果飞行器太过于接近行星，损耗在行星大气的能量将会大于其从行星引力助推中获得的能量。

那些利用引力弹弓原理的飞船

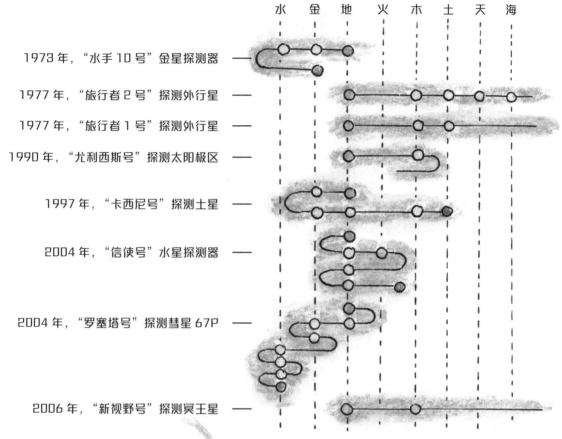

水 金 地 火 木 土 天 海

1973 年，"水手 10 号"金星探测器

1977 年，"旅行者 2 号"探测外行星

1977 年，"旅行者 1 号"探测外行星

1990 年，"尤利西斯号"探测太阳极区

1997 年，"卡西尼号"探测土星

2004 年，"信使号"水星探测器

2004 年，"罗塞塔号"探测彗星 67P

2006 年，"新视野号"探测冥王星

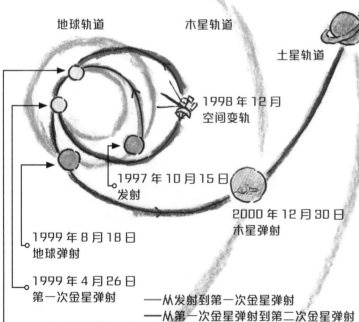

地球轨道

木星轨道

土星轨道

2004 年 7 月 1 日
到达土星

1998 年 12 月
空间变轨

1997 年 10 月 15 日
发射

2000 年 12 月 30 日
木星弹射

1999 年 8 月 18 日
地球弹射

1999 年 4 月 26 日
第一次金星弹射

1999 年 7 月 24 日
第二次金星弹射

——从发射到第一次金星弹射
——从第一次金星弹射到第二次金星弹射
——从第二次金星弹射到地球弹射，经过
木星到土星

现实中的"巡逻者号"

"卡西尼号"探测器堪称现实中的"巡逻者号"在只携带了很少燃料的情况下，经过金星、地球、木星的引力弹弓作用，获得了足以弥补燃料不足的动能。

金星、地球由于质量小、引力弱，只能提供小偏转；木星可以提供很大的引力，但"卡西尼号"只需要微小偏转就可抵达土星，若提供太大偏转，反而会被送到错误的航向上。

引力异常和引力波

电影中的引力异常

◆ 沙尘暴留下二进制地理坐标的有规律灰尘。

◆ 受引力异常影响而失控低飞的无人机。

◆ 通过操纵引力在手表上以指针摆动传递黑洞数据。

摩斯密码是一种时通时断的信号代码，通过不同的排列顺序来表达不同的英文字母、数字和标点符号。

三次引力异常带来的发现

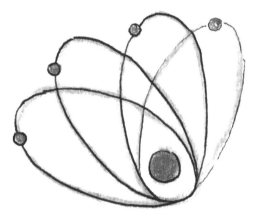

1859 年，科学家发现水星轨道的近日点不是固定的，而是不断移动的，轨道看起来像是花瓣一样的曲线，而非严格的椭圆曲线。

几十年之后，爱因斯坦发现了引力以及引力带来的时空弯曲，利用广义相对论计算了水星轨道移动的异常，结果与观测非常符合，误差极其微小，证实了广义相对论是正确的。

1933 年，天文学家发现了一个高速旋转的后发座星系团，而观测到的发光物质只占总质量的 1%，不足以支持星系的旋转。也就是说，存在看不见的暗物质。因为质量会引起光线的弯曲，那么这团质量就好像是一块玻璃透镜一样，远处发来的光被透镜弯折了，所以我们看到的星系的像就会变形。

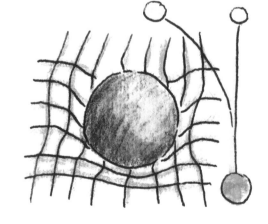

1998 年，有两组独立的天文学家观测超新星，发现了宇宙是在加速膨胀的。科学家猜测存在暗能量，有质量，有引力透镜效应，推着宇宙不断地加速膨胀。

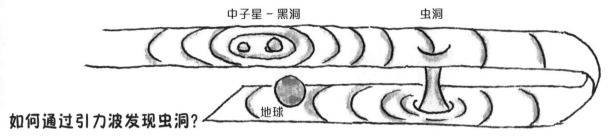

中子星－黑洞   虫洞

地球

如何通过引力波发现虫洞？

中子星－黑洞双星系统在虫洞另一端向外不断传播引力波。一小部分引力波被虫洞捕获，通过虫洞，向外四散传播穿过太阳系，地球引力波探测器可以设法捕获这一部分引力波。

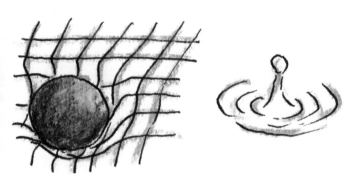

什么是引力波？

引力波是一种时空涟漪。时空命令物质如何运动，而物质引导时空如何弯曲。当物质的分布改变时，时空也会相应变化。这一变化以光速传播开去，就好像在平静的湖面上丢下一粒小石子，湖面就会有一圈波浪向外荡去，时空也会将涟漪向外传开。

引力波的发现

2016 年 2 月 11 日，LIGO 小组宣布人类首次直接探测到引力波，引发这波"涟漪"的是距离我们约 13 亿光年的黑洞和黑洞并合事件。

引力波探测器由多面大镜子组成，位于两条相互垂直的探测臂上。引力波穿过探测器时，会拉扯一条探测臂同时挤压另一条探测臂。通过激光干涉技术检测探测镜振荡式的距离变化，以此观测引力波。

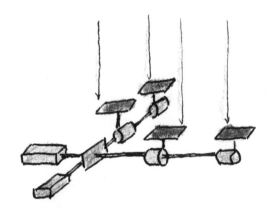

29 个太阳质量

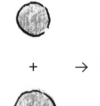

36 个太阳质量

62 个太阳质量

3 个太阳质量

发现引力波的意义

LIGO 分析表明，这两个黑洞的质量分别约为 36 个太阳质量和 29 个太阳质量，并合后形成的中心黑洞的质量约为 62 个太阳质量，损失了的约 3 个太阳质量转变为了引力波的能量。

引力波填补了广义相对论实验验证的最后一块缺失的拼图。宇宙大爆炸之初的引力波在 137 亿年后的今天仍然可以被探测到，这有助于人们真正理解宇宙大爆炸原初时刻的物理过程。

09

《星际穿越》中的科学

时间膨胀

时间膨胀是一种物理现象：两人分别拿着两个完全相同的时钟甲钟、乙钟，拿着甲钟的人会发现乙钟走得比甲钟慢。这现象常被说为是对方的钟"慢了下来"，但这种描述只有在观测者的参考系上才是正确的。

电影《星际穿越》男主角乘坐高速飞船抵达质量极大、引力极强的黑洞附近，时间膨胀效应使他只变老几年，而当他回到地球，他的女儿已经成了一位老人。

相对论的时间

◆ 根据狭义相对论的描述，所有相对于一个惯性系统移动的时钟都会走得较慢。即空中运动的钟相对于地面的速度很快，所以空中的钟会比地面慢。

◆ 根据广义相对论的描述，在引力场中拥有较低势能的时钟都走得较慢。即引力越强，时间流逝得越慢。

原子钟实验

哈菲尔和基廷在1971年把两个铯原子钟分别放在两架分别向东和向西飞行的飞机上，并对比放在天文台的时钟。地球以光速五十万分之一的速度自西向东转动。往东飞的钟比放在天文台的钟要慢，而往西飞的钟比放在天文台的钟要快。

1976年，哈佛大学的罗伯特·维索特将原子钟送入10000千米高空，通过无线电信号对比地面时钟。地面上的钟要比高空中的钟每天慢30微秒。

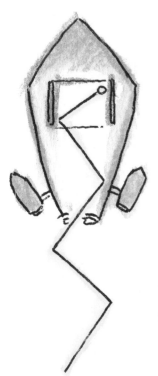

光子钟实验

光子钟的构造很简单，将一个光子放进相距 15 厘米的两面镜子中间，光子在其间来回反弹。光子的运动速度是 30 万千米 / 秒，在两面镜子之间来回弹一次花费的时间是 10 亿分之一秒。

把一个光子钟放进飞船当中，与另一个放在地面上的光子钟进行对比。由于飞船在高速飞行，飞船上光子钟中的光子飞行的路线比地面上光子钟的光子运动路线更长。也就意味着地面上光子钟"滴答"一次的时候，飞船上的光子钟还来不及"滴答"一次，也就是说，飞船上的时间流逝得比地面上要慢。

速度越快，时间越慢

飞机的飞行速度约 300 米 / 秒，坐飞机 100 年以后下飞机，你将"年轻"26.3 分钟。

登月飞船的飞行速度约 10500 米 / 秒，在登月飞船上飞 100 年下来后，你将"年轻"22.4 天。

一艘速度达到 90% 光速的飞船上的一年相当于地面上的 2.3 年；飞船速度若达到 99% 光速，飞船上的一年相当于地面上的 7 年；速度达到 99.999% 光速的飞船上的一年，可以抵上地面上的 224 年。

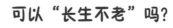

可以"长生不老"吗？

虽然飞船上时间变慢了，飞船上的一年相当于地球上的几年，甚至几十年、几百年。但是，对于飞船上的你来说，也只是真真切切地活了一年，时间并没有在你身上增加。而且，从地球上看你的话，在地球人眼里，飞船上的你的动作会变得非常缓慢。

10 平行宇宙和时间旅行

《星际穿越》中的科学

多重宇宙是一个理论上的无限个或有限个可能的宇宙的集合，包括了一切存在和可能存在的事物：所有的空间、时间、物质、能量以及描述它们的物理定律和物理常数。

平行宇宙理论

宇宙泡：早期宇宙诞生于高温之中，拓扑结构非常复杂，量子涨落很剧烈，每个时空泡沫独立地膨胀，温度逐渐降低，趋于平稳，就形成了一个个平行宇宙，而联系它们的隧道正是虫洞。

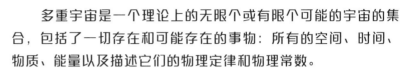

视界平行宇宙：在宇宙视界外，由于宇宙膨胀，信息尚未来得及到达我们的地球就已经离我们远去了。视界之外的宇宙对我们是没有影响的。如果宇宙是无限大的，理论上就会出现无数个平行宇宙。

量子力学平行宇宙：粒子测量使波函数发生了分裂，测量一次就会导致一次分裂，并产生不同的结果，而我们只能测量出其中的一个，或者只是处在其中的一个世界而已。测量薛定谔的猫（猫和一瓶随时可能破裂的毒药放在一个盒子里，只有打开盒子才能知道猫是否活着）时，这次测量到的虽然是死态的猫，但同时分裂出的活态的猫还在另外一个世界里。

平行宇宙"痕迹"

2007 年 8 月，科学家在研究宇宙微波背景辐射信号时发现了一个巨大的冷斑，其中完全是"空"的，没有任何正常物质或者暗物质，也没有辐射信号。科学家认为它是平行宇宙碰撞摩擦形成的。

时间旅行

　　根据爱因斯坦的相对论，飞船的运行速度达到光速或超越光速就能完成时光旅行。不过仅靠人类拥有的能源飞船是不能达到光速的，还需要借助于某些空间特性。

时间旅行的假想

旋转黑洞：可以在时光旅行中作为入口，巨大的离心力不会形成奇点，不用担心被中心的无穷重力压碎。有可能通过它后进入白洞，它不是往里吸东西而是靠一种带有负能量的奇异物质将东西推出去，由此可以进入其他时间和其他世界。

虫洞：在太空中质量作用于宇宙中的不同地方最终就会形成一个通道——虫洞。通过它，人类就可以很快地到达地球以外的其他星球。例如，我们想去距地球9光年（90万亿千米）的天狼星考察，只要找到一个连接地球和天狼星的虫洞就可以了。

宇宙线：在宇宙形成初期存在很多线形的物体，被称为"宇宙线"。它们伸展长达整个宇宙，承受着高达数百万吨的压力，却比一个原子还细。宇宙线周围形成了巨大的重力场，物体一旦接近便会被以非常高的速度吸过去。而两根相邻的宇宙线会互相吸引。一根宇宙线与黑洞相连可以形成一个足够飞船通过的空间。

时间旅行的悖论

　　时间旅行者会进入一种被动观察者的角色，任何对过去的改变都是不被允许的。

祖父悖论：一个人不可能回到过去杀死自己的祖父，如果这样他自己将不会存在。已经发生的事情不可能被改变。
先知悖论：一个人不可能向未来穿越，因为未来还没有发生。

1. 五维、六维甚至更高维度的空间可能会是什么样的?
2. 我们身处在更高维度空间中可能会看到什么样的景象?

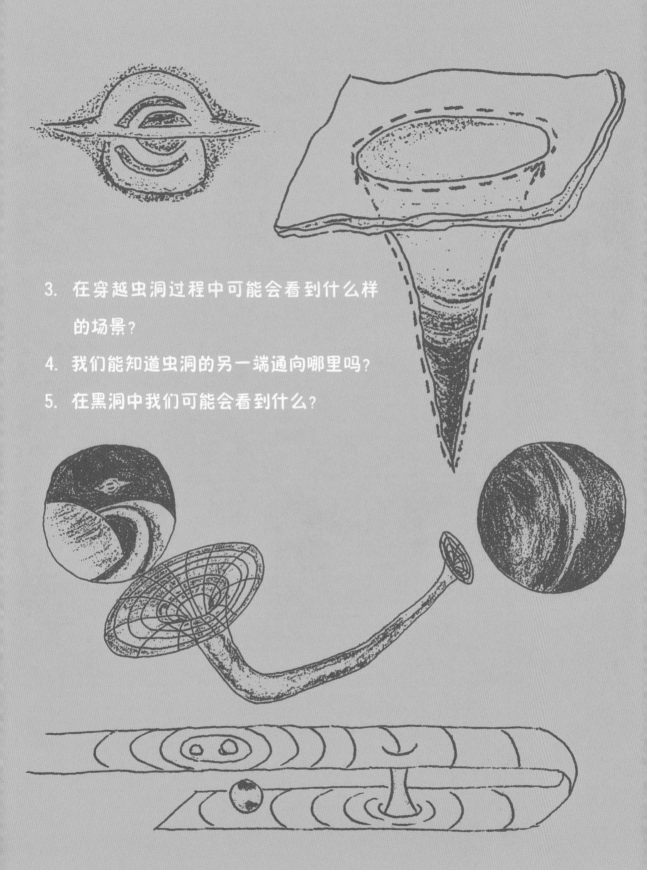

3. 在穿越虫洞过程中可能会看到什么样
   的场景？

4. 我们能知道虫洞的另一端通向哪里吗？

5. 在黑洞中我们可能会看到什么？

《火星救援》[*]中的科学

影片《火星救援》展现了在外星球生存的可能性，描绘了在外星球的生存场景，堪称"火星版《鲁滨逊漂流记》"。

本片获得了美国国家航空航天局（NASA）的全力支持，美国著名天体物理学家奈尔·德葛拉司·泰森亲自站台拍摄了宣传片，影片的首映甚至安排在空间站，由航天员在太空中发推特进行宣传，得到航天界的大力推荐和支持。

*《火星救援》是由二十世纪福克斯电影公司出品的科幻电影。

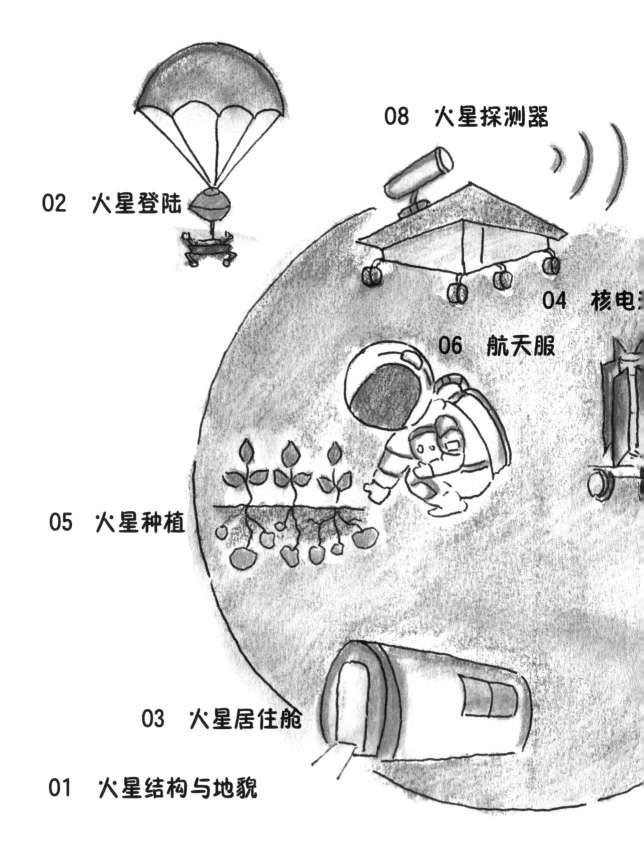

08　火星探测器

02　火星登陆

04　核电池

06　航天服

05　火星种植

03　火星居住舱

01　火星结构与地貌

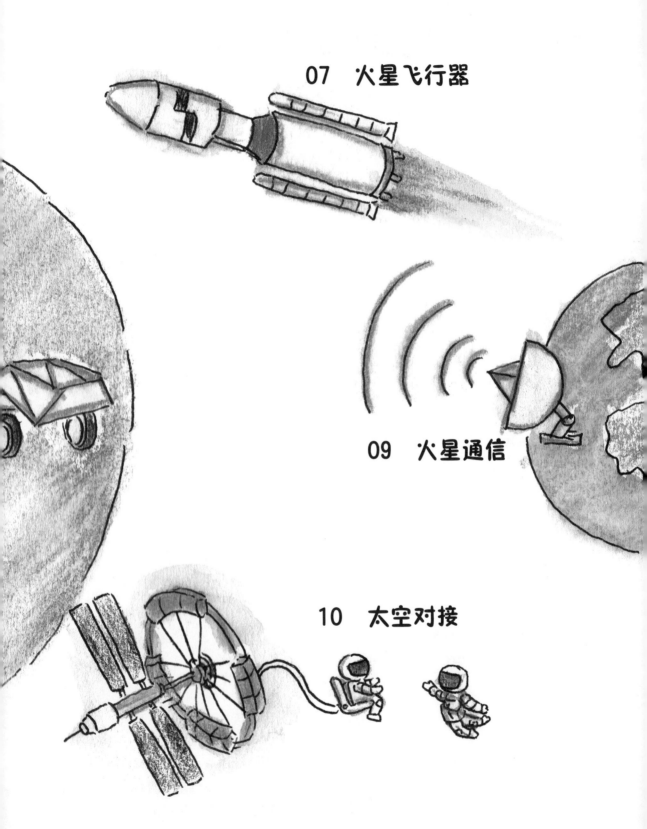

07　火星飞行器

09　火星通信

10　太空对接

01 《火星救援》中的科学
火星结构与地貌

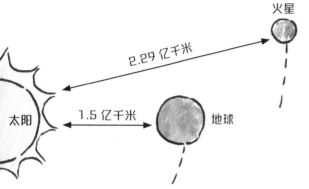

火星

2.29 亿千米

1.5 亿千米

太阳

地球

火星是太阳系八大行星之一，按距离太阳的远近，它排在第四位。

火星与太阳间的平均距离为 2.29 亿千米，相当于地球与太阳间平均距离的 1.52 倍，所以在火星上看到的太阳比地球上看到的要小 1/3。

火星结构：科学家猜测火星和地球拥有类似的核心结构（地壳 + 地幔 + 地核）。"洞察号"火星无人着陆探测器的任务便是揭晓火星核心结构之谜。

火星年：火星围绕太阳公转一周为 687 天，约为地球一年的 1.88 倍，所以在不考虑其他未知因素的情况下，目前人类在火星上平均仅能活 38 岁零 109 天。

火星日：如果我们依据太阳运动来定义时间，那火星一天的时间为 24 小时 39 分钟 35.24409 秒，比地球太阳日长 2.7%。

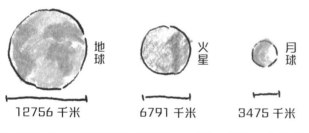

地球

火星

月球

12756 千米

6791 千米

3475 千米

火星引力：火星平均直径为 6791 千米，约为地球直径的一半。体积不足地球的 1/6，质量相当于地球的 1/10，引力也比地球引力小约 62.5%。如果你在地球上重 50 千克，那么在火星上你只有 19 千克。

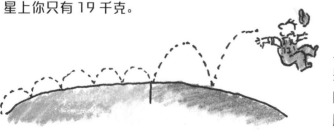

因为引力小，人更轻，所以你在火星上可以跳得比在地球上更高更远，人人都是运动健将。在这种情况下正常行走非常困难，通常会用袋鼠跳来大步前进，或者用小碎步来小步行走。

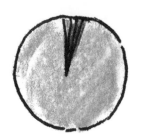

火星大气

　　火星的自转轴同地球一样，也是倾斜的。火星拥有大气，也有季节变化。火星大气的主要成分（约95%）是二氧化碳，有约3%的氮、1%~2%的氩，合起来约为0.1%的一氧化碳和氧，还有极少量的臭氧和氢。

二氧化碳

氮

氩

氧气

水和二氧化碳组成的极冠

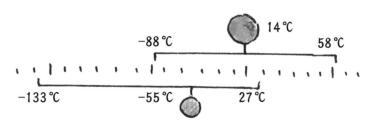

火星温度： 火星表面温度有从冬天的-133℃到夏天日间将近27℃的跨度，平均温度大约为-55℃。

火星气候： 火星的确常有风暴，有时甚至持续几个月，速度高达90千米/时，席卷整个火星。因为火星空气稀薄，所以风暴破坏力也有限，即使风速再高也无法把人吹得飞起来，想要达到电影中的效果，大概需要800千米/时的风速。

火星地貌： 因为地表被氧化铁覆盖，所以火星外表呈橘红色。覆盖在两极地区的由冰和干冰构成的白色极冠，其大小随火星季节而变化。火星上也有高山、平原和峡谷，整体上是一颗沙丘、砾石遍布的沙漠行星。

火星自驾游路线

阿西达利亚平原： 这里遍布泥浆火山，有大量喷涌出的泥浆沉积物质，很可能存在有生命迹象的有机物。

克里斯平原： "火星探路者号"降落在克里斯平原的入口处，全世界第一个成功登陆火星的探测器也在此登陆。

斯基亚帕雷利环形山： 这里的环形山分为两种：火山成因的环形山和陨石撞击而成的环形山。

02 《火星救援》中的科学
火星登陆

如何前往火星？

1. 火箭
2. 时间
3. 目的地

能脱离地球引力的火箭

航天器越重，火箭升空就需要越多的能量。往返火星所使用的时间长达数年，而且火星上还有稀薄的大气，引力也会造成相当大的负担，需要足够强大的引擎和持续的能源供应。同时，还需要考虑抵御真空中的辐射对航天员身体的损害。

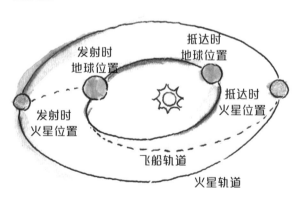

发射时地球位置
抵达时地球位置
发射时火星位置
抵达时火星位置
飞船轨道
火星轨道

适合发射升空的时间

火星和地球以不同的速度和轨道围绕太阳运动，有时相距甚远，有时离得很近。从地球出发的火星探测器并非任何时候都适宜发射，而是每隔2年零2个月（780天）才有一次发射机会，称为发射窗口。因为每隔780天，太阳、地球、火星就会排列成一条直线，称为火星冲。此时发射，火箭能以最少的燃料抵达火星，总行程将超过4.8亿千米。

正确的目的地

不能把目的地定为火箭发射当时的火星位置，必须瞄准到达时的火星位置。

还要利用额外的推力来修改飞行方向，确保不会和火星擦肩而过。全程时间7～8个月。

如何登陆火星？

　　航天器以数千千米时速冲向火星，需要给太空舱盖上隔热罩，防止接触大气时产生的热量进入航天器内部。而且必须以恰当的角度进入大气层，大气摩擦可以降速90%，但还必须使用降落伞进一步降速，即便如此下降速度仍会超过160千米/时。

着陆方式1：气囊缓冲

　　这种方式适用于轻质量着陆器的着陆。当着陆器在火星表面着陆前，包裹着陆器的气囊充气展开，通过气囊在火星上的弹跳逐步降低高度，实现成功着陆。1996年12月4日美国发射的"探路者号"火星车，2003年6月和7月分别发射的"勇气号"与"机遇号"都采用了这种方式。

着陆方式2：着陆支架缓冲

　　较大的着陆器使用制动火箭和着陆肢触地，速度约为9.6千米/时。2007年8月4日，美国发射的"凤凰号"采用了这种方式。如果依靠气囊着陆，则须使用更大面积的降落伞和体积更大的气囊，但这会挤占所搭载的科学仪器的质量。

着陆方式3：空中吊车着陆

　　这种方式适用于大质量着陆器的着陆。使用大喷气包减速至3.2千米/时以下，用缆绳放下着陆器，使其轮子触地，并及时切断绳索。2011年，美国"好奇号"火星车首次采用这种技术并获得成功。

　　载人登陆舱质量更重，需要强大的热保护罩、大面积的降落伞，并且还要把反推火箭动力减速和空中吊车等手段统统用上，只有实现多种着陆手段的"混搭"，才能确保安全着陆。

03 火星居住舱

在 NASA 的约翰逊航天中心，载人探测研究模拟设施 HERA 可模拟深空居住区的自控环境，包括起居间、工作间、卫生模块和模拟气密舱等。在各个模块中，待测试者要执行操作任务，完成载荷目标并在一起长时间生活，模拟未来在与世隔绝的环境下执行任务。

辐射防护

宇宙中有两类辐射源：第一类是由太阳规律地释放的稳定带电粒子组成的。航天器本体结构可以对几乎全部的太阳粒子进行物理屏蔽。第二类是来自银河宇宙线的高能辐射源，几近光速的粒子，从银河系中的其他恒星甚至其他星系射入太阳系，可以达到具有危险性的水平。

人类在太空中生存的主要威胁就是粒子辐射。高能粒子可以径直穿过皮肤、沉积能量并沿途破坏细胞或 DNA。受到辐射后，航天员在余生中患癌症的风险增加，甚至有一些人在执行任务期间就会得上严重的辐射病，所以太空居住舱必须能够提供足够的保护。

水循环利用

环境控制与生命保障系统从各处回收利用水分：洗手池、洗漱生活，还有其他水源。通过水分再生系统，水分得到了回收和过滤，可以用于饮用。

在太空中的微重力环境下，用于处理污水的部分必须使用离心机来进行净化工作，因为气体和液体并不会像地球上那样分离开来。

火星有水吗？

"快车号"火星探测卫星发现了许多火星上存在水源的迹象：发现含水矿物，说明液态水在火星表面存在了很久；雷达观测到南极地区的冰层和土壤下存在液态水；火星两极存在水冰；可能存在远古河川遗迹，说明火星表面曾有过大量流动水源。

氢气　　氧气　　氮气

空气须达到的指标：类似于地球上的空气成分（78% 氮气，21% 氧气，1% 其他气体）；1 个标准大气压；清除呼出的二氧化碳和污染物；正常的相对湿度环境。

氧气制造

　　长时间居住的太空舱采用太阳能发电装置所发的电来电解储存的水，先把氢气排放到太空中，然后将所得的氧气用于供航天员呼吸。

　　目前，国际空间站还会用储存罐携带紧急氧气以及 100 多支烛状高氯酸锂，每支能产生足够一名航天员一天所需的氧气。

太阳能

　　太阳能电池板是吸收太阳光，将太阳辐射能通过光电效应或者光化学效应直接或间接转换成电能的装置。大部分太阳能电池板的主要材料为硅。太阳能电池具有永久性、清洁性和灵活性三大优点。

　　火星空气比地球空气稀薄许多。没有了像地球一样的大气层保护，太阳光线的辐射强度也呈几何级数增长。但只要配置合理，在火星上太阳能板的发电量是足够人类生存用的。利用静电除尘技术可通过施加电压清除灰尘，保证太阳能板在无人值守的条件下正常发电。

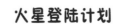

火星登陆计划

第一步：国际空间站。国际空间站是唯一能进行长期微重力试验的平台，用于研发新的航天员生命健康系统和先进的居住舱，以及其他降低对地球依赖所需的技术。

第二步：深空居住。任何火星任务都将需要高度可靠的居住系统，以保证航天员在深空环境长时间处于健康状态并保证所开展工作的安全。NASA 和合作伙伴已经开始着手改进现有国际空间站的居住系统，以满足将来深空任务的需求。

第三步：实现星球独立。需要利用新技术改造当地的资源，将它们转化为水、燃料、空气和建材。

04 核电池

《火星救援》中的科学

什么是 RTG？

核电池又叫放射性同位素热电机（RTG），是利用放射性衰变的热量进行温差发电的。通常使用的同位素是钚-238（Pu-238）。

由于火星表面昼夜温差极大，一般化学电池无法工作，太阳能电池又无法用于远离太阳或者背向太阳的深空探测，放射性同位素热电机可谓是深空探测中理想的电力来源。

使用钚-238 作为核电池发热材料的主要优势在于，处于铀系衰变系当中的钚-238 衰变产生的各种子体几乎没有伽马射线，辐射防护非常简单且轻量化；半衰期（88 年）也比较合适，可以在相当长的时间提供稳定的功率，足以满足 20 年甚至更久的深空任务之需。

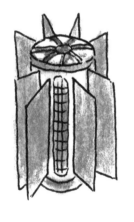

取暖是否可行？

RTG 能够把钚-238 放射性衰变释放的热量转化成电力。在现实中，在超过 40 年的时间里，NASA 已经安全地使用 RTG 为 20 多个太空任务提供电力来源。其中包括"阿波罗"登月任务、"好奇号"火星车。"好奇号"火星车上的 RTG 产生大约 110 瓦甚至更小的功率，差不多比灯泡的平均功率高一些。钚-238 的半衰期仅为 88 年，放射性衰减之快可以让它非常炽热，大概产生 2000 瓦的热量，设计使用寿命为 14 年，足够取暖使用。

是否会对人体造成危害？

钚-238 主要是阿尔法衰变，放出的阿尔法射线，穿透力较弱，一张纸或者健康的皮肤就能挡住，厚厚的航天服完全可以抵御。

钚是有剧毒的，但只有当它破碎成非常细小的粒子或蒸发，并被人体吸入或摄入时，才可能对人体造成影响。为防止发生泄漏事故，钚-238 被放置在多层先进的保护材料中，确保在严重的事故中也不会发生泄漏。它产生出的同位素由于陶瓷的隔离不溶于液体，不可能被误吸和误吞。所以，用钚取暖很安全。

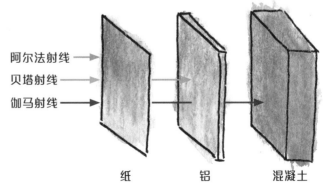

阿尔法射线
贝塔射线
伽马射线

纸　　　　铝　　　　混凝土

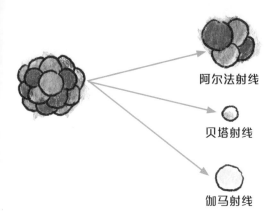

阿尔法射线

贝塔射线

伽马射线

核电池工作原理

　　有些物质的原子核是不稳定的，它能自发地有规律地改变其结构，转变为另一种原子核，这种现象称为核衰变。这些物质在核衰变过程中会放射出具有一定动能的带电或不带电的粒子，直到形成稳定的元素。如果正确利用的话，还能够产生电流。通常不稳定的原子核会发生衰变现象，在放射出粒子及能量后可变得较为稳定。

核电池材料

核电池结构：最内部为放射性同位素，能不断地发生衰变并放出热量；换能器可将热能转换成电能；辐射屏蔽层防止辐射线泄漏；最外层的外壳一般由合金制成，起保护电池内部结构和散热的作用。

优点：释放能量大小、速度不受外界环境影响；工作时间长。

缺点：有放射性污染；随着放射性源的衰变，电性能会衰降。

合金外壳

辐射屏蔽层

换能器

放射性同位素

核电池的应用领域

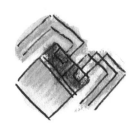

航天领域：核电池可以满足各种航天器长期、安全、可靠供电的要求。1997年，"卡西尼号"的核电池所用核材料为钸-238，可提供750瓦的总功率，到探测器11年的飞行任务结束时仍能发出628瓦的电。

航海、航空领域：核电池能保证光源几十年内不换电池，不用为经常更换电池和维修发电机而烦恼。自动气象站或自动导航站可实现自动记录和自动控制，常年无须更换和维修电源。

医学领域：核电池广泛应用于心脏起搏器，电源体积非常小，比1节2号电池还小，重量仅100多克，可保证心脏起搏器在体内连续工作10年以上。

电子机械领域：微型核电池只有纽扣大小，主要成分是铀-235，在手机第一次使用后能够连续提供1年以上待机时间的电量，从而节省生产充电器的成本。

05 火星种植

《火星救援》中的科学

步骤 1：修整土地。土壤不必肥沃，但必须较干燥。

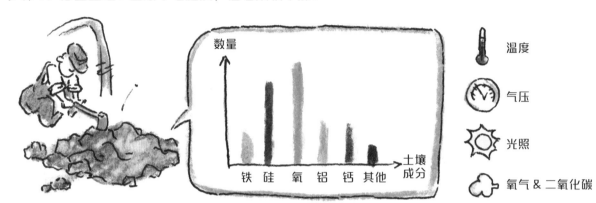

土壤成分：主要元素是氧，含量约占50%，硅为15%～30%，铁为15%～16%，铝为2%～7%，钙为3%～8%及少量的钾、磷、硫、氯、钽、铬、镁、钴、镍、铜等。这种土壤确实有可能种出土豆。

种植条件：稀薄的大气可以使火星获得足够的太阳能来发电，基地里的制氧机（可以分解二氧化碳）和净水机只需要有足够的电力就可以正常工作。火星基地内足以满足种植的必需条件。

能否带回火星土壤：火星上有可能在几十亿年之前也是有着生命存在的，这些微小的生物甚至可能至今还存留在土壤中。如果贸然将土壤带回地球的话，很有可能会把微生物和细菌也带回地球，给地球带来生态灾难。

步骤 2：收集肥料，在犁好的土地上施农家肥。

肥料来源：一般太空马桶的工作原理是靠真空泵产生吸力，将固态和液态的排泄物吸入分流器。分流器将液体送入过滤回收系统，净化后供航天员作为生活用水。而固态废物则装入回收袋，在真空中暴露一段时间杀菌后集中保存，随返回舱带回地球处理。

施肥目的：火星土壤中有足够的钠、镁、铝、磷、钙、铁等元素，只是缺乏氮，而这种元素在人类粪便中含量较高。对人体排泄物需要进行堆肥发酵处理。未经发酵的肥料施后遇水进行发酵会产生高温和有害气体，伤害作物根系，加上有害微生物的活动，会造成土壤缺氧，致使植株死亡。

步骤 3：制造淡水，进行灌溉。

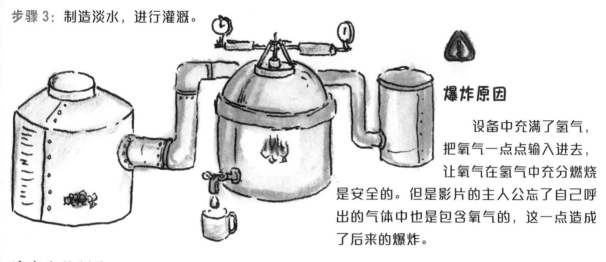

爆炸原因

设备中充满了氢气，把氧气一点点输入进去，让氧气在氢气中充分燃烧是安全的。但是影片的主人公忘了自己呼出的气体中也是包含氧气的，这一点造成了后来的爆炸。

液态水的制作

第一步：燃烧火箭燃料联氨（N_2H_4）可以产生水：$N_2H_4 + O_2 \rightarrow N_2 + 2H_2O$。不过联氨是有毒的物质，燃烧时容易爆炸。所以让联氨滴在网格状铱催化剂中，放热分解成氮气和氢气，然后在一个足够长的"烟囱"里上升，利用密度差分离氢气和氮气。

第二步：火星大气的主要成分是二氧化碳，只要有电，制氧机就可以提供足量的氧气。

第三步：点燃氢气和氧气，燃烧生成水。

步骤 4：把种薯切成块再种植，能促进块茎内外氧气交换，破除休眠，提早发芽和出苗。

为什么选择土豆：土豆是地球上亩产淀粉量最高的作物，并且比较适合在温度较低的环境里生长。从发芽开始算起两个多月就能收获土豆。只要切成块，埋到土里就能长，唯一的要求是每个切块上必须要有芽眼。

土豆苗的死亡：种植舱的破损、较长时间完全失压导致植物体内的大部分水分蒸发，在 0℃ 以下的寒冷大气中，连微生物都无法生存，土豆苗因失水、低温而死亡。

太空种植进展：2014 年，荷兰一组科学家发表了模拟火星土种西红柿、胡萝卜、小麦等 14 种农作物的论文。得益于较强的吸附水分能力，用"火星土"种的蔬菜，长得居然比地球土里的还好。同年，在国际空间站，航天员使用新鲜食物生产系统种出了红生菜，标志着太空种植系统的成功。

06 航天服

《火星救援》中的科学

航天服是保障航天员的生命活动和工作能力的个人密闭装备，可防护空间的真空、高温低温、太阳辐射和微流星等环境因素对人体的危害。

 功能：

- 保持航天员体温。
- 保持压力平衡，使航天员承受的压力与在地球上的相似。
- 阻挡强而有害的辐射，如来自太阳的辐射。
- 处理航天员的排泄物。
- 提供氧及抽去二氧化碳。

头盔：头盔由高强度聚碳酸酯制成，有减震、隔热、消声、通风和供氧功能。面窗可过滤紫外线，保护眼睛。

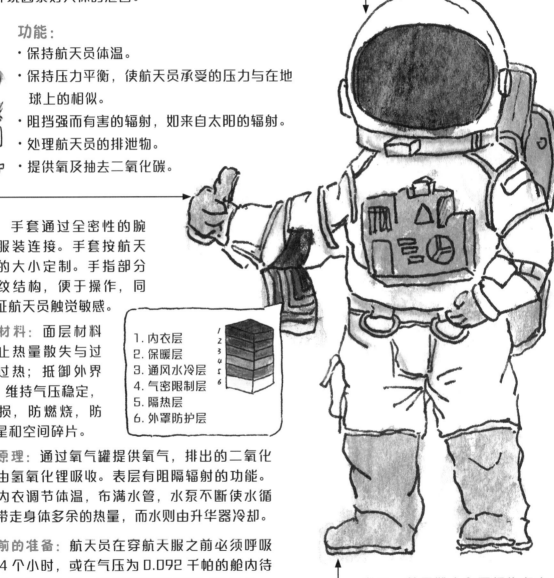

手套：手套通过全密性的腕圈与服装连接。手套按航天员手的大小定制。手指部分有波纹结构，便于操作，同时保证航天员触觉敏感。

面层材料：面层材料可防止热量散失与过冷、过热；抵御外界辐射；维持气压稳定，防磨损，防燃烧，防微流星和空间碎片。

1. 内衣层
2. 保暖层
3. 通风水冷层
4. 气密限制层
5. 隔热层
6. 外罩防护层

防护原理：通过氧气罐提供氧气，排出的二氧化碳则由氢氧化锂吸收。表层有阻隔辐射的功能。贴身内衣调节体温，布满水管，水泵不断使水循环，带走身体多余的热量，而水则由升华器冷却。

穿着前的准备：航天员在穿航天服之前必须呼吸纯氧 4 个小时，或在气压为 0.092 千帕的舱内待上大约 12 个小时，然后再呼吸纯氧 40 分钟，目的是将体内的氮排出，同时使身体适应低压环境。如果不做这样的准备工作，由于航天服内只有 0.3 个大气压，体内氮因急骤减压而形成气泡，会使航天员患与潜水员一样的沉箱病。

靴子：航天靴由多层织物和皮革制成。目前，大部分航天靴只有一个尺码，适合于所有航天员穿用。航天服裤子的气囊和限制层一直延伸到脚。

航天服被刺穿怎么办？

火星大气的密度很低，气压大约只有地球的0.6%，航天服内的气压只有约0.3个大气压，创口更容易封堵愈合。

虽然气体稀薄，但较高的氧气密度保证了航天员的正常呼吸。航天服呼吸系统会去除呼出的二氧化碳，一旦吸收二氧化碳的化学制剂饱和，为了防止二氧化碳中毒，航天服开始主动排气，并用备用的氮气填充进来保持气压。当氮气也不够用的时候，只能加入过量的氧气，此时航天员的中枢神经、视网膜、肺部就很容易受损。

舱外活动装置：这是可以背在身上的氮气推进装置。当航天员和航天器分离时，可帮助航天员返回飞船。可装载1.4千克的氮气推进剂，推进速度最快约3米/秒。

太空背包：太空背包内装环控生保系统，与航天服一起构成一个微型载人航天器，保证航天员能在开放的太空中生存和执行任务。环控生保系统由供氧装置、空气再生系统、温度控制系统、监测系统和无线电通信系统等组成，其功能是向航天服内输送氧气和冷却水，维持航天服内的压力和温度，实施通风、散热，以及为航天员提供与航天器或地面之间的通信。

火星航天服的挑战

行走在火星上的一大挑战是火星的尘土。在火星表面行走后，红色的火星土壤如果被带入了宇宙飞船内，会对航天员和舱内设施造成影响。航天服背后加上接口，航天员可以快速跳出航天服进入舱内，将航天服留在舱外，从而使舱内保持清洁。

07 火箭飞行器

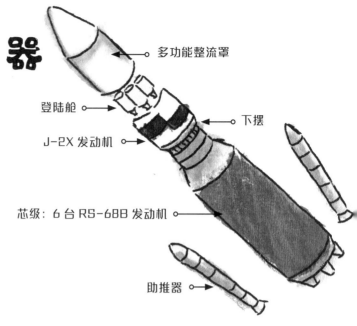

多功能整流罩

登陆舱

J-2X 发动机

下摆

芯级：6 台 RS-68B 发动机

助推器

战神系列火箭

"战神 1 号"：载人火箭；

"战神 3 号"：载人火箭，电影中男主角搭载它前往火星；

"战神 4 号"：载人火箭，电影中男主角搭载它返回地球；

"战神 5 号"：货运火箭。

离子推进器

电影中"赫尔墨斯号"在远距离航行中使用的是核反应驱动的离子发动机。离子发动机的比冲大、推力小、运行时间长、耗能大。

战神系列火箭将成为空间探索路线图下一步计划的新型空间运输基础设施的重要单元之一。按照分工定位的不同，战神系列火箭共包括三个型号："战神 1 号""战神 4 号"和"战神 5 号"。

主要成员

"战神 1 号"是载人航天载具，用于发射新一代载人探索航天器——"猎户座号"飞船，取代 NASA 当前使用的航天飞机。

"战神 4 号"既可发射货物，也可发射飞船，将月球着陆器或"猎户座号"飞船送入正确轨道。

"战神 5 号"目前的定位是货物运载火箭，运载"牵牛星号"登月舱，在以后的火星探测计划中其功能将得到进一步扩展，可能用于人员运输。

"战神 1 号"　　"战神 4 号"　　"战神 5 号"

火　箭	"战神 1 号"	"战神 5 号"	"阿丽亚娜 5 号"	"长征 5 号"
所属国家或机构	美国	美国	欧洲太空局	中国
最大起飞质量	816.5 吨	3704.5 吨	780 吨	867 吨
最大近地轨道载荷	25 吨	130 吨	>21 吨	25 吨

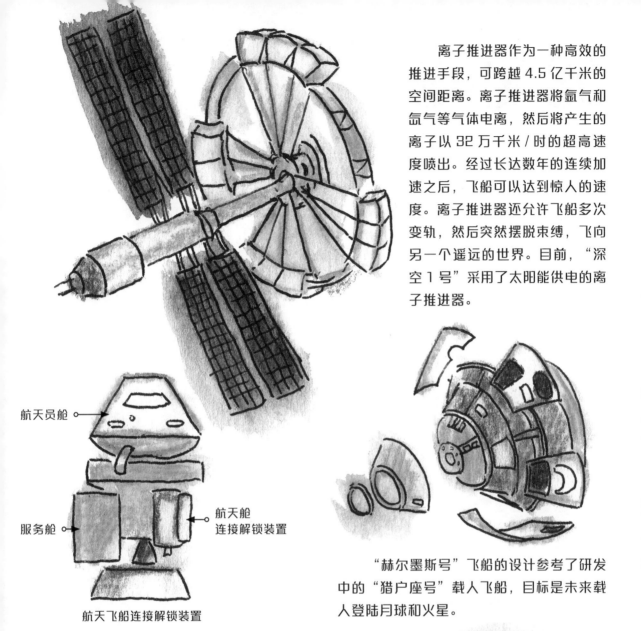

离子推进器作为一种高效的推进手段，可跨越 4.5 亿千米的空间距离。离子推进器将氙气和氪气等气体电离，然后将产生的离子以 32 万千米/时的超高速度喷出。经过长达数年的连续加速之后，飞船可以达到惊人的速度。离子推进器还允许飞船多次变轨，然后突然摆脱束缚，飞向另一个遥远的世界。目前，"深空 1 号"采用了太阳能供电的离子推进器。

航天员舱

服务舱

航天舱连接解锁装置

航天飞船连接解锁装置

"赫尔墨斯号"飞船的设计参考了研发中的"猎户座号"载人飞船，目标是未来载人登陆月球和火星。

"猎户座号"："猎户座号"是一种用于替代航天飞机、可重复使用的多用途乘员探索飞行器，每次可向国际空间站运送 6 名航天员，也可将 4 名航天员送抵月球，经改装还可载人登陆火星。飞船利用太阳能板和电池提供能源，机组控制交互方式结合触摸屏和开关，乘员舱组件可重复利用，并且配备全自动的紧急逃生系统。

人数限制：航天员人数和航天飞行时间是载人飞船设计的重要参数，直接影响载人深空探测任务的技术性能和总体规模。火星与地球的距离太远，鉴于火箭运载能力有限，载人登陆火星的飞船物资消耗太大，一般乘员人数限制为 4 人。

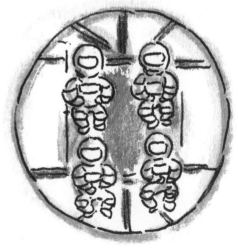

08 火星探测器

《火星救援》中的科学

结束使命的探测器

"勇气号"： "勇气号"于2004年1月3日着陆，2011年5月25日停止工作。设计寿命90个火星日。实际上，它在哥伦比亚群山所在的古塞夫陨击坑坚持工作了2208个火星日，行驶7.7千米路程。第一次在另外一个星球上近距离拍摄了彩色照片，发现了水存在的证据，以及火山活动的痕迹。

"机遇号"： "机遇号"于2004年1月25日着陆，工作了15年，于2019年2月13日结束探测使命。行驶了超过45.16千米路程，传回了超过217000张图像，包括15张360度彩色全景图。它在其着陆点发现了赤铁矿，这是一种在水中形成的矿物质。它还在奋斗撞击坑发现了火星上古代水流的强烈迹象。科学家认为这里水的成分和人类可饮用水的成分相同。

当前进展

截至2012年，主要火星探测器有8个，欧洲太空局与国际合作伙伴正在计划一项火星采样返回计划，采集火星土壤和岩石并带回地球研究。

"洞察号"： "洞察号"于2018年11月26日着陆，通过地震调查、测地学及热传导实施内部探测，了解火星内核大小、成分、物理状态、地质构造，以及火星内部温度、地震活动等情况。

微量气体任务卫星： 微量气体任务卫星于2016年10月19日入轨，将在靠近火星表面的地方对氢气展开探测，并利用获取到的数据寻找水或水合物。

MAVEN探测器： MAVEN是火星大气与挥发演化探测器的缩写。该探测器于2014年9月22日入轨，使命是调查火星大气失踪之谜，并寻找火星上早期拥有的水源及二氧化碳消失的原因。

"曼加里安号"： "曼加里安号"于2014年9月24日入轨，对火星表面、天气、矿藏等进行研究，有助于更好地理解星球形成原理、生命产生原因、宇宙物质存在等。

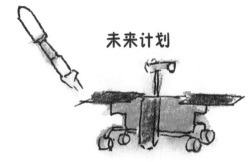

未来计划

"奥德赛号"："奥德赛号"于2001年10月24日入轨。主要任务是寻找水与火山活动的迹象，检测太阳系和星际的致命辐射，作为中继卫星传输数据。

"富兰克林号"："富兰克林号"将于2020年发射，并将在2021年降落在火星上。它能够行驶在崎岖的地形上，还将配备摄像头、地面穿透雷达和机载实验室，以分析岩石样本，并特别关注火星上的生命迹象。

"快车号"："快车号"于2003年12月25日入轨。已环绕火星超过5000次，并传回大量资料与地表影像。已检测出火星中的甲烷含量并收集到火星上有水的大量证据，提供地球与各个国家部署的登陆车之间的通信中转服务，成为国际火星探索工作的枢纽部分。

"好奇号"："好奇号"于2012年8月6日着陆，是第一辆采用核动力驱动的火星车。它的使命是探寻火星上的生命元素，收集水存在的证据，探索是否存在生命，评估气候及地质情况，为人类探索任务做准备。

"火星2020计划"：中国和美国计划利用2020年7~8月的发射时机开展火星探测研究。届时，地球和火星相对于在火星上着陆处于有利位置。

美国的火星探测计划包括确认火星上生命潜力的关键问题。这次考察不仅是寻找古代火星上适宜居住条件的迹象，也是为了寻找过去微生物生命本身的迹象。"火星2020"新核动力火星车将收集岩石样品，并将样品用密封罐储存起来，放置于火星表面，以便被未来执行任务的航天器带回地球。

中国计划于2020年利用火星卫星、火星着陆器、火星车联合探测火星。通过一次发射任务，实现火星环绕和着陆巡视，开展火星全球性和综合性探测，并对火星表面重点地区精细巡视勘查。

火星探测轨道飞行器：火星探测轨道飞行器于2006年3月10日入轨，以超高分辨率对火星进行详细考察，并且为之后的火星地表任务寻找适合的登陆地点，提供高速的通信传递功能。主要目的为寻找火星上是否有水存在的证据，并且收集火星大气与地理的特征。

09 火星通信

《火星救援》中的科学

地球与火星之间的无线电波通信一般会出现 4 ～ 24 分钟的延迟，具体的延迟时间取决于地球和火星的相对位置。火星着陆器和巡视器之间的通信是通过轨道探测器实现的，除了火星表面上的通信外，轨道器也负责将探测数据发送回地球。

ASCII 码：美国标准信息交换代码，用 2 位 16 进制数字表达 0 到 255 的组合，可以表达所有字母。

火星微量气体任务卫星不仅负责科学研究，同时也充当了中继卫星的角色。目前 NASA 超过 60% 的火星表面探测数据是由它传输的。

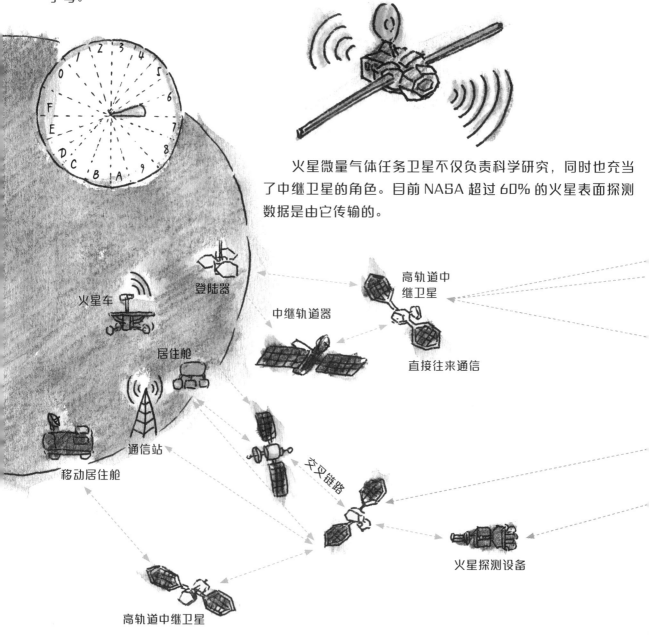

登陆器

火星车

中继轨道器

居住舱

通信站

移动居住舱

交叉链路

高轨道中继卫星

直接往来通信

火星探测设备

高轨道中继卫星

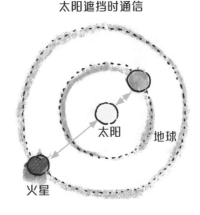

太阳不遮挡时通信　　太阳遮挡时通信

中继卫星设计方式

　　屏蔽情况每隔 26 个月就会发生一次：地球、太阳和火星在一条直线上，而且太阳刚好在地球和火星中间，我们在地球上不但观察不到火星，而且连电磁波信号也被太阳截断了。

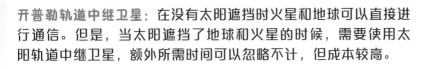

开普勒轨道中继卫星： 在没有太阳遮挡时火星和地球可以直接进行通信。但是，当太阳遮挡了地球和火星的时候，需要使用太阳轨道中继卫星，额外所需时间可以忽略不计，但成本较高。

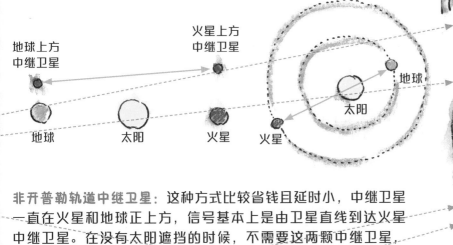

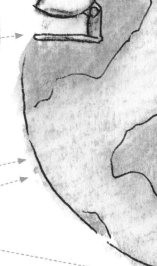

非开普勒轨道中继卫星： 这种方式比较省钱且延时小，中继卫星一直在火星和地球正上方，信号基本上是由卫星直线到达火星中继卫星。在没有太阳遮挡的时候，不需要这两颗中继卫星，直接通信是最佳方案。

未来深空火星中继卫星体系

　　未来火星网络包括 2 ～ 3 个专用中继轨道器，每个轨道器搭载一个全中继有效载荷，为人类登陆火星及火星周围的探测活动提供连续通信覆盖。专用火星中继卫星还将提供到地球中继链路的近连续可用性，最小化数据往返时延。

　　每个中继轨道器通过邻近链路与任务轨道器和火星表面系统（如居住舱、通信站、登陆器和火星车等）通信。每个中继轨道器可充当一个节点，提供全部网络层服务。火星表面系统可根据需要通过临近链路接入中继轨道器，而任务轨道器可通过星间链路接入中继轨道器。

10 太空对接

《火星救援》中的科学

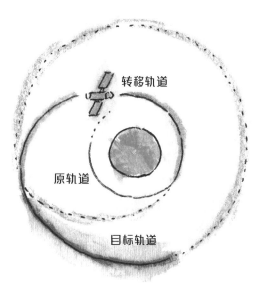

转移轨道

原轨道

目标轨道

霍曼转移：霍曼转移是一种变换太空船轨道的方法，途中只需两次引擎推进，相对节省燃料。太空船在原先轨道上瞬间加速后，进入一个椭圆形的转移轨道。由此椭圆轨道的近拱点开始，抵达远拱点后再瞬间加速，进入目标轨道。三个轨道的轨道半长轴越来越大，两次引擎推进皆是加速，总能量增加从而使太空船进入较高轨道。

航天器对接装置

航天器对接装置是用来实现航天器之间对接、连接与分离的装置。两个航天器机械、电气、液路实现连接组成轨道复合体后，可实现人员、物资的转移。

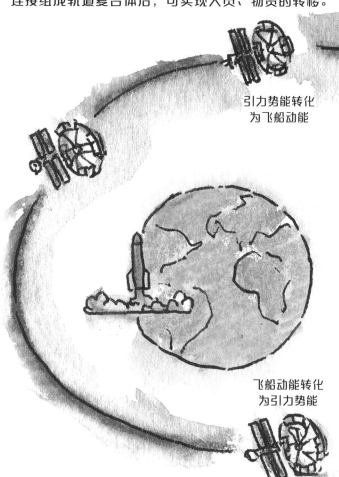

引力势能转化为飞船动能

飞船动能转化为引力势能

敞篷飞船对接的可能性

"赫尔墨斯号"由于轨道受限，只能高速飞越火星，飞船需要以更高的速度到达更高的轨道来和"赫尔墨斯号"会和。飞船通过拆除设备减重大约40%，起飞时的加速度会比通常的8倍到9倍重力加速度要高，可达到12倍！而火星大气的密度大约只有地球的1%，即使加速到数千米每秒，也就相当于在高速上开窗而已，可以让飞船不考虑外形是否为流线而被改造成敞篷车，航天员自然也可以耐受住迎面而来的风力。只有地球1/3的重力让飞船只需要单级火箭就可以脱离火星轨道。

"环－锥"式对接装置：这是最早采用的对接机构，它由内截顶圆锥和外截顶圆锥组成。内截顶圆锥安装在一系列缓冲器上，能吸收冲击能量。美国的"双子星座号"飞船与"阿金纳号"火箭采用了这种方式。

"杆－锥"式对接装置：这种装置由"杆"和"锥"两部分构成。前者装在追踪飞行器上，后者装在目标飞行器上。对接时，杆插入锥内，然后锥将杆锁定，接着拉紧两个航天器，最终锁定两个对接面完成对接。

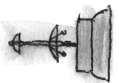

爆炸减速变轨

美国"阿波罗号"登月舱与指令舱之间、俄罗斯"联盟号"飞船与"礼炮号"空间站之间、"联盟 TM 号"飞船与"和平号"空间站之间，都采用这种对接装置。

"异体同构周边"式对接装置：当两个航天器接近时，三块导向瓣分别插入对方的导向瓣空隙处。对接框上的锁紧机构使两个航天器保持刚性连接。航天飞机与"和平号"空间站、航天飞机与国际空间站、"神舟八号"与"天宫一号"的对接，都采用了这种装置。

"抓手－碰撞锁"式对接装置：十字形对接装置是欧洲空间局研制的非密封、无通道的对接装置，仅用于无人航天器之间的对接。因其撞锁和连接器呈十字交叉分布而得名。日本的三点式对接装置则在周边布置三个抓手与撞锁，也只适用于无人航天器的对接。

下面的问题你思考过吗？

1. 如何降低火星旅行的成本，让普通人也能够感受火星生活？

2. 在飞往火星的旅途中，能看到哪些风景？

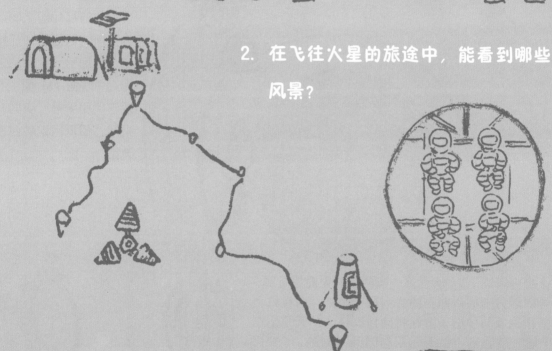

3. 在火星上如何饲养动物？

4. 火星上的长时间居住会对人体造成什么样的影响？

5. 采用什么方式可以安全地在火星上起飞、降落？

6. 火星上种的土豆和地球上种的土豆可能有什么不同？

7. 人类如何大批量、长期地在火星生活？

附录

科学家奶爸的宇宙手绘 知识点检索